Start Of Start-U

創業起手式

每一個今天離職的人，
明天都可以成為公司的老闆

張振華───著

「我沒有創業資金怎麼創業？」
「我的錢這麼少，根本無法起步。」
「我對經營管理一竅不通……」

其實這些都是藉口，
創業靠的是膽識、眼光和智慧，
而不是靠資金的多少！

崧燁文化

目錄

前言

開場白　躍躍欲試的創業豪情

第一篇　面面俱全的自我評估

　　填好自己的「創業計畫書」⋯⋯⋯⋯⋯⋯⋯⋯⋯⋯⋯⋯⋯ 14

　　給自己做一次全面的「素養體檢」⋯⋯⋯⋯⋯⋯⋯⋯⋯⋯ 17

　　創業心態比創業基因更重要⋯⋯⋯⋯⋯⋯⋯⋯⋯⋯⋯⋯⋯ 20

　　成功學的激勵不是萬能的⋯⋯⋯⋯⋯⋯⋯⋯⋯⋯⋯⋯⋯⋯ 23

　　追求旗開得勝，不必破釜沉舟⋯⋯⋯⋯⋯⋯⋯⋯⋯⋯⋯⋯ 27

　　「炒短線」培訓不出實業家⋯⋯⋯⋯⋯⋯⋯⋯⋯⋯⋯⋯⋯ 31

第二篇　多多益善的準備計畫

　　「天時地利人和」的分析報告⋯⋯⋯⋯⋯⋯⋯⋯⋯⋯⋯⋯ 44

　　找到自己的絆腳石⋯⋯⋯⋯⋯⋯⋯⋯⋯⋯⋯⋯⋯⋯⋯⋯⋯ 47

　　兵馬未動糧草先行的正確解讀⋯⋯⋯⋯⋯⋯⋯⋯⋯⋯⋯⋯ 50

　　用算盤理清自己的創業思路⋯⋯⋯⋯⋯⋯⋯⋯⋯⋯⋯⋯⋯ 53

　　「不欠錢」所占的百分比⋯⋯⋯⋯⋯⋯⋯⋯⋯⋯⋯⋯⋯⋯ 56

　　給自己的公司一個「清楚的身分」⋯⋯⋯⋯⋯⋯⋯⋯⋯⋯ 58

　　打造出自己的「人脈銀行」⋯⋯⋯⋯⋯⋯⋯⋯⋯⋯⋯⋯⋯ 61

　　豎起耳朵再走自己的路⋯⋯⋯⋯⋯⋯⋯⋯⋯⋯⋯⋯⋯⋯⋯ 65

　　公司的「內外兼修」教程⋯⋯⋯⋯⋯⋯⋯⋯⋯⋯⋯⋯⋯⋯ 67

目錄

創業方式的多項選擇 ……………………………………………… 70

第三篇　源源不絕的市場商機

培養你識別機會的思考能力 ……………………………………… 76

隨波逐流躲不開大浪淘沙 ………………………………………… 81

商機是撬動「財富之球」的支點 ………………………………… 84

「善於發現」是創新的基本功 …………………………………… 88

獨特是脫穎而出的捷徑 …………………………………………… 92

多研究一些失敗才能揚長避短 …………………………………… 94

握緊的拳頭裡不能空無一物 ……………………………………… 96

用一用自己的「藝術思維」 ……………………………………… 99

第四篇　步步為「贏」的開業指南

詳盡的創業計畫書是保障成功的第一步 ……………………… 102

附錄:《創業計畫書》範本 …………………………………… 104

好的名字並不是為了「討個好彩頭」 ………………………… 112

「風水寶地」才能「招財進寶」 ……………………………… 115

合法完善的手續是必需的通行證 ……………………………… 119

部門安排等於調兵遣將 ………………………………………… 120

打江山時的招兵買馬 …………………………………………… 123

根據財務情況來駕馭你的生意 ………………………………… 128

法律知識是你的「安全紅綠燈」 ……………………………… 132

開業的時機:在對的時間做對的事 …………………………… 133

第五篇　蒸蒸日上的行銷祕笈

好的「口碑」能叫客戶來找你 ………………………………… 136

正確評估和把握市場機遇 ·················· 139

與時俱進的市場開發和服務意識 ·············· 142

細分市場和節日商機 ···················· 145

不能掉以輕心的成本核算 ·················· 148

打造自己的誠信形象也需要技巧 ·············· 151

回頭客是上帝中的上帝 ··················· 153

廣告也可以隨機應變 ···················· 156

第六篇　井井有條的管理技巧

建立自己的管理磁場 ···················· 162

老闆角色應因時而變 ···················· 165

企業文化從來不是「大而無當」 ·············· 168

解開絕對權力和疑人不用的結 ··············· 171

拋開義氣賞罰分明 ····················· 175

「新創成功」之後的管理危機是關鍵 ············ 178

把創業的精神傳染給員工 ·················· 180

第七篇　路路暢通的資金流向

第一張西洋骨牌 —— 現金流 ················ 186

做好財務預測，為創業上保險 ··············· 190

開源很重要，節流也不可小覷 ··············· 194

借雞生蛋的利與弊 ····················· 196

第八篇　頭頭是道的創業箴言

微笑來自「剩」者為王的堅持 ··············· 202

多一點冒險的精神 ····················· 204

克服自信和膽識裡的「賭場情結」 ……………………………… 205

永遠保持「空杯心態」 ………………………………………… 208

找對創業合夥人 ………………………………………………… 210

積極態度是成功的「育成中心」 ……………………………… 213

一切困難都是合理的 …………………………………………… 215

守住道德底線：君子愛財，取之有道 ………………………… 216

在談判時保持平等意識 ………………………………………… 218

小心以幫助為藉口的「殺熟人」 ……………………………… 222

別把急功近利當作雷厲風行 …………………………………… 224

第九篇　比比皆是的失誤陷阱

「桃園」兄弟，做好準備再「結義」 ………………………… 228

全新的領域和「不熟不做」 …………………………………… 230

「以小賣小」不耽誤大生意 …………………………………… 231

警惕那些「天花亂墜」的廣告 ………………………………… 232

「真」合約才是護身符 ………………………………………… 243

成功者的可複製性其實並不高 ………………………………… 248

附錄：創業者的 30 條戒律

前言

　　現代社會就業壓力之大、競爭之激烈，我們從各個方面都能清楚地感知這一切：人頭攢動的徵才活動，場場爆滿的公務員考試……稀有的工作職缺與眾多的求職大眾，形成了強烈的反差。可是薪資卻一直增長緩慢，除了制度方面的原因外，勞動力嚴重供過於求，是最大的「罪魁禍首」。在受僱者不得不承受低薪資之痛的同時，創業者卻在不斷續寫著致富神話。

　　為什麼非要在殘酷的職場「紅海」中苦苦賺辛苦錢，為什麼不到創業「藍海」中另闢蹊徑？

　　勇於創業的人，可以為自己創業找到無數個理由。畏懼創業的人，同樣也可以為自己不創業找到無數個理由。

　　很多希望創業的人，出於這樣或那樣的擔心，「我沒有創業資金怎麼創業？」「我的錢這麼少，根本無法起步。」「我對經營管理一竅不通。」……其實，這些都是自己給自己找藉口。賺錢靠的是膽識、眼光和智慧，而不是靠創業資金的多少。很多沒有錢的窮人，白手起家創造了致富傳奇。

　　還有很多想創業的人，把自己不能創業的原因放在學歷和學識上。是的，我們以前學過很多「知識」，可是今天我們又能記得多少？用上多少？事實上，生活中很多創業成功者並沒有受過很好的教育。高等教育對於人們獲得一份體面的工作的確很重要，但是對於如何創業並不是最重要的。富起來的人當中，很多人都是小學或中學學歷，有些人甚至連小學都沒有畢業。

前言

　　沒有資金可以籌借，從小做起，滾動發展，逐漸壯大；沒有知識和經驗可以學習，在書本中學習，在實踐中學習……這些都不是我們拒絕創業的理由。對於創業者來說，無法避免的是創業的風險。但是，做什麼事情沒有風險呢？正因為有風險，所以才有收益！既然風險無處不在，我們就不應該逃避風險，而應該去尋找一條化解和規避風險的坦途。

　　為了幫助那些小資創業者找到一條正確的創業之路，我們在認真分析研究大量成功案例的基礎上，精心編寫了這本指導小資創業的書籍，從自我評估、計畫準備、尋找商機、開業指南、行銷管理等各個方面，為創業者提出了系統的解決方案，並針對創業過程中可能出現的失誤陷阱，逐一進行了解答，希望藉此幫助創業者提高成功創業的機率。

　　如果你碰巧讀到了本書，也許從這一天開始，你的生活將會發生某些變化。雖然你可能不會因此走上大富大貴之路，但至少它能在你今後的創業道路上，讓你少一點迷惑，多一份自信，使你能快速地識別失誤和避開陷阱，從而為你降低投資風險，幫助你實現成功創業的夢想。

　　由於本書中所涉及的創業案例，大都是白手起家或創業資金不多的人士，所以本書更適合那些想要創業的人和正在創業的人。無論你在創業過程中，遇到什麼樣的挫折和困惑，都要堅信，創業本身並沒有錯，有錯的可能只是方法和策略。

開場白　躍躍欲試的創業豪情

有位名人說過這樣一句話：「在這個世界上，到處可以看見有才華的『窮人』。他們才華橫溢，能力超群，有的甚至有著上天入地的本領，但為何始終是在為別人做嫁衣，永遠在夾縫中求生存？」實際上，這與這些人自己對自我的定位和規劃有關，他們認識不到自己已經具備了創業能力，缺乏一種創業心態，更沒有那種創業的勇氣和魄力，所以，他們只能棲身別人的屋簷下。

創業，是一件令人激動的事情，當我們將創業夢想變成現實的時候，那個時刻的成功不是我們用語言可以表達的。

當前，越來越多的人開始自己的創業夢想，也有越來越多的創業人士獲得成功，以創業來改變了自己的命運。

西方國家早在 100 多年前就經歷了由農業社會向工業社會的轉型，我們不禁想起 19 世紀上半葉英國的社會場景，「蒸汽機的廣泛利用，使英國到處都建立起大工廠。那些高聳入雲的煙囪，噴出縷縷煙霧，龐大的廠房，發出隆隆的轟鳴，打破了原來中世紀田園生活的恬靜 —— 歷史跨進了一個新的時代。」

社會轉型過程雖然痛苦，但也帶來了大量的創業機會。借用狄更斯在《雙城記》中的一句話，「這是一個最好的年代，也是一個最壞的年代。」可以形象地描述現在的市場環境。問題的關鍵在於，你敢不敢想，敢不敢做，以

及如何去做。

富豪榜榜單每年都在變化，創業英雄年年層出不窮。為什麼我們不能成為「其中一員」？

創業英雄們正是充分認識到了這一點，所以「提前上路」，充分利用各種政策支持，敏銳捕捉各種市場商機，由小及大，由弱到強，賺得「盆滿缽滿」。

創業雖然有風險，但做什麼事情沒有風險呢？正是因為有風險，所以才會有回報。有一句名言說，「努力不一定成功，但不努力一定失敗」。對於絕大多數人來說，創業有可能成功，也有可能失敗，但不創業則連成功的機會都沒有。

無數創業成功者的經歷已經證明了，在創業的過程中，激情與務實才是創業成功的最大法寶。激情與夢想，對一個想創業的人是不可或缺的，激情能讓我們戰勝困難，勇往直前；同時，也能讓我們將夢想變成現實。除了激情與夢想之外，我們還必須具備務實的態度、實幹的精神和周全的攻略，一步一步向目標前進。事實上，我們完全可以在創業之前和創業之中，透過充分、科學、細緻的規劃、準備和安排，預防和規避各種創業風險，提高創業成功的機率。

許多人終其一生都活在幻想裡，活在憧憬裡，沒有切實地去行動，去努力，即便有再好的想法，不付諸現實，不去努力實踐，也不會成功。要知道創業不是簡單的烏托邦式的理想，僅憑一腔熱血加美好夢想，還是遠遠不夠的。

實踐證明，一個人創業更多的是要依靠前期科學的規劃、多角度的觀

察、理性的分析、有效的資源整合、成熟高效的運作技能、良好的商業心態等。縱觀那些創業成功者的經歷，我們可以得出一個結論：支持他們創業成功的，從來不是教育背景，也不是他們當時身處的環境，甚至不是資金和技術，而是他們的內心，他們的心理特質。

有機構曾做過一個研究調查，他們訪問了當前 500 名卓越企業的總裁，發現他們中的 50% 的人在大學時代成績平均在 C 或者 C 以下。在美國的百萬富翁中，有超過 50% 的人並沒有接受過完整的大學教育。這些企業領袖之所以成功，有著各自不同的原因，但卻都有共同的心理特質 —— 強烈的欲望、樂觀自信的心態、堅韌不拔的毅力和激情。世界首富比爾·蓋茲就說：「如果你的心理特質不適合自己創業，你就不可能成功。」的確，就事業的成功來說，沒有任何其他因素，能夠取代一個創業者心理上的因素。

那麼，現實生活中，剛剛起步創業的我們，如何開始我們的創業？如何尋找創業機會？如何籌措資金？從哪裡開始起步？怎樣計畫和實施？如果我們不清楚這些問題，肯定會一片茫然。清楚了這些方法，我們還得知道怎樣註冊公司，如何準備經營場所等實務問題。即使建立了自己的企業，還會有許多從未碰到過的問題讓我們的事業陷入危機，我們需要知道暗礁在哪裡，並提前做好應對的準備。

對於以上這些問題，接下來我們將為您一一解答。本書作為一部小資創業指南，主要針對那些手握幾萬至幾十萬元資金的小資創業者，細緻、全面地介紹了創業方法、創業流程，並結合案例進行分析，希望藉此可以幫助您弄懂創業和經營過程中的每一步。

開場白　躍躍欲試的創業豪情

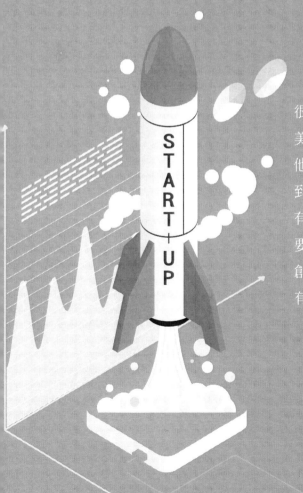

第一篇
面面俱全的自我評估

很多創業者開始創業時總有太多完美的想像，總是活在自己的夢中，他們往往都不清楚自己是誰，自己到底想幹什麼？你適合創業嗎？你有什麼資源？創業者創業之前一定要清楚你自己所有的，與你追求的創業目標之間還存在多少鴻溝？還有多少難點？

填好自己的「創業計畫書」

創業這個念頭，幾乎在每一個人的心目中都湧現過，這是一個鼓勵個人去創造更大價值、實現更大作為的時代。為實現個人價值的最大化發揮，為了解決自己的物質或是精神問題，或者是為了擺脫工作對自己的束縛，個人創業，自己當老闆這條路被許多人視為達到理想彼岸的金光大道。甚至有人開玩笑說，在大街上遇到三個人，其中有兩個是當自己公司總經理的。

創業，從躍躍欲試到身體力行，越來越多的人響應著時代的呼喚，但是，且慢！創業僅有熱情是不夠的。創業之前，不妨先問問自己，創業是什麼，我為什麼創業？

不要覺得這是個可笑的問題 —— 創業者怎麼可能不清楚創業是什麼？

其實不然，如果不搞清楚這些問題，哪怕你有著無人能及的衝勁和無與倫比的熱情，也難免會在創業過程中遭遇層出不窮的阻力和羈絆，最後鬧個頭破血流的結局。

是不是適合創業，最關鍵的不在於市場機會，也不在於外部環境，而在於有沒有清楚地解答自己的困惑 —— 我為什麼創業，創業要達到什麼目標？

要知道，創業只是實現目標的一個手段，只有明白了自己的目標是什麼，你才能下決心去為了實現這個目標而付出努力。

每個人對創業的理解都不太一樣，督促自己創業的理由也會各異 ——

「我要過更好的生活，我對生活有很多物質的欲望，所以我要賺錢，賺更多的錢。」

「我要實現自己的價值，去開創一個屬於自己的事業，讓我的夢想得以實現。」

「其實我一直找不到合適的工作，除了創業之外，我沒有其他的選擇。」

「我有一個好的創意，我發現了一個市場空白，所以我要抓住機會。」

「我厭倦了上班賺錢，討厭朝九晚五，更不想再看老闆眼色過日子。」

「現在我有門路，有貴人提攜，有現成的穩賺不賠的好生意。」

還有很多理由可以羅列。你擁有的理由越多，也就表示著，你創業的決心越大。

換句話說，「為什麼要創業」這個問題，實際上就是創業賴以成功的核心價值所在。不妨看看馬雲為什麼創業的理由：互聯網必將改變世界！

事實上，所有當前被奉為創業偶像的成功創業者，他們對於「為什麼要創業」這個問題的答案，都在行動前進行了充分的思考。

因此，在你有了自己的目標和決心基礎上，你還需要繼續給自己一些設問──人、財、物、進、銷、存、競爭、市場定位、目標客戶、管理制度、財務控制、退出機制、投資預算等一系列的事情，你都考慮好了嗎？

當你確定自己適合創業、需要創業、能夠創業後，在你的「創業計畫書」上還要回答如下問題：

我是否真的能夠清晰地描述出我的創業構想？創業構想的清晰表述是對自己成熟思考的一個證明，如果你還只是含混地覺得要做某個生意，覺得「應該可以」，那麼還是把回答的猶疑看成一個提醒，反過頭來再認真的想一想吧。

我是不是真正地了解了我將要涉足的創業領域呢？俗話說，隔行如隔山，很多產業都要求創業者是「過來人」，要對業內的各方面都有所了解。如果你還停留在「外行看熱鬧」的水準上，那麼也先花點時間和精力，去把價格、銷售、管理、產業標準、競爭優勢等搞清楚一些。

我的創業點子、道路是不是真的很有市場和競爭力呢？創業不能只是靠出奇制勝，通常情況下，按部就班地經營，可能比你的特殊想法更加具有現

15

實意義。不要動不動就覺得你發現了市場空白，說不定，那只是一個「無利可圖」的真空，用這樣一句名言提醒自己一下：「還沒有被實施的好主意往往可能實施不了。」

我的「成熟想法」是不是真的經得起論證？為自己的靈感和謀劃暗自高興的時候，不妨把目光看得遠些，此一時彼一時，現在「無懈可擊」的方案，是不是在一個星期、一個月甚至半年之後「時過境遷」了呢？或者被自己的新想法代替掉？

我真的有條件能做到全身心地投入嗎？創業不是提筆作畫，一氣呵成，一個目標和計畫的實施、實現，也許要用去今後三年、五年，甚至更長的時間，你做好「持久戰」的準備了嗎？

我擁有實現目標的軟硬體了嗎？沒有實際的工作，大廈永遠躺在紙上。創業的過程，實際上是一個團隊共同努力去完成的過程。一個好漢三個幫，你找到合適的人選，結成你的事業的人際網了嗎？小心自己成為「孤膽英雄」，或者陷入一群「不可靠」的人的包圍中，然後仰天長嘆，「寧要虎一樣的敵人，不要豬一樣的隊友」。

除了錢，我還需要什麼回報？每個投資創業，其最主要的目的就是賺最多的錢。可是，真的只有這些嗎？自我實現、成就感、愛心、責任感，如果你對這些沒有意識，或者覺得與你無關，也應該再回頭研究一下自己的目標，否則，放棄是早晚的事。

在經過一番自我分析和證明之後，如果你確定自己適合創業，同時你也能正確回答上述的幾個問題，那麼你創業成功的勝算將會很高，你可以決定著手去創業。

衝動是魔鬼，創業也並不是你一時衝動所能搞定的，如果創業前你仍然舉棋不定，最好還是先繼續維持你的「小資生涯」吧。

做成一件事不容易，創業就更加充滿艱難險阻。雖然每個人在選擇創業這條路時，都會自然而然地憧憬成功的景象，但是失敗也會一路潛伏。往壞處打算也許令人不愉快，卻是創業之初應該考慮清楚的。

創業不是你站在浴室鏡子前想想自己成為「驕傲的巨人」時那些獨特新奇的想法，那難免偏執狂熱和一廂情願，它們並不能促成你的成功，更多的，是在過程中，像許三多一樣，認定目標，像抓住最後一根救命稻草一樣地忠貞於自己的原始目標，稻草也會成長為參天大樹。

給自己做一次全面的「素養體檢」

跟志願入伍當兵一樣，在你填好加入創業隊伍的志願書後，「體檢」就是下一步必不可少的工作。自己創業確實讓很多人實現理想，可是也有很多的人，在艱難地賺扎後，等到的卻是破產和崩潰，即使心有不甘，終究力不從心。

可以說，一個人想創業的話，什麼事都可以做，沒有什麼特別的條件；但如果想創業成功，則必須具備很多條件。所以，創業前的自我評估很重要。

在創業之前，你需要全面分析自己，看看到底是否具備成功的條件：自律、自動自發、識人能力、管理技能、想像力、口才、毅力、樂觀、奉獻精神、積極人生觀、推銷產品的能力、獨立運作的能力、追求利潤的方法……「我有一個夢想」，這句名言幾乎成為所有創業者開始創業夢的原因，但如何實現這個夢想，僅憑夢想和激情是遠遠不夠的。

現在人們談論比爾·蓋茲的故事，總提起他從大學休學，而很少關注微軟公司是比爾·蓋茲創立的第3家公司，儘管那時他剛剛20歲，但他從15歲就已經顯示出自己的商業天賦，做成了自己商業生涯的第一筆買賣。

所以，除了自己的夢想和激情，對於初次創業者、特別是小本創業者來說，很多事情都要親力親為，你是投資人，也是經營者，更是自己的「受雇者」。

在對自我的評估中，你的精神因素、性格因素、行為因素、情感因素等都可能是決定你創業成敗的關鍵。創業和受雇，是完全不同的思維模式，你可以嘗試在下面的幾個方面給自己把脈，看自己是不是真的適合創業——

你的眼光有多遠，眼界有多高？

要想成為一個真正意義上的創業者，就需要了解自己最終想要什麼，清楚要達到目標需要經過哪些過程，同時具備長遠眼光，擁有策略意識。而一般的受僱者，著眼點也就是當前這兩三年，他們通常考慮的是如何保住現有的穩定飯碗，安全感排在第一位。如此一來，自然不會想到太遠，也不會太高。而且，很少有受僱者能進行換位思考，站到老闆的角度去考慮問題，也就造成很多就業者很難與老闆進行溝通。要知道，眼界的高不是空洞的高，是經過反覆考量過後的高，是透過努力可以達到的高，是胸中有成竹的高。

你對工作的態度有多「深情」？

只有把一件事情徹底解決，才能算真正完成。今天能搞定的一定不拖到明天。這才是創業者應有的態度。而受僱者會習慣性地把工作按照天數來分解，每天只完成部分工作，下班時間一到就想閃人，回家，剩下的工作明天再做，在公司裡多待一分鐘都不願意。很多人都抱怨老闆苛刻，加班很頻繁，但是，創業者卻需要把事業當生命，對於他們來說，工作就是生活。

你是謀全域還是謀一域？

在接受一個工作任務指派之後，受僱者在自己進行處理或者將其分解轉交給其他同事後，就認為這件事差不多算是完成了，因為他負責的這部分已

經做完，至於轉交出去的工作任務是否能保質保量按時完成，那就不在他所要操心的範圍之內了。長此以往，許多受僱者已經習慣只管自己的一畝三分地，轉交給別人的事就讓別人操心去吧。做創業者最怕缺少這種整體概念，你的事業是和你的視野是息息相關的，你看得越遠，能得到的資源就越多。

你的肩膀能擔起多大的責任？

在一個企業或是公司裡，我們最常見到的就是在出現事故後，老闆要追查責任，大家異常的互相推卸責任，極少有人會站出來承認自己工作的不足，反而都強調自己肯定是把屬於自己的那個環節做好了，至於前後銜接人員所出的問題，則和我一點關係也沒有。受僱時間久了，遇到問題首先想到的就是迴避，然後是設法推給別人。這樣一來，受僱者也就更加不可能從失敗和失利中學習、吸取到教訓了。但是，創業者們的成長卻需要從一個個自己承擔的失敗中，總結問題，分析原因，積累經驗。

你是一員虎將還是一個帥才？

在現實中，有不少受僱者的腦海中都存在著個人英雄主義情結，總希望在一些事情上表露一下，在上司面前表表功，為了不被其他同事分攤去一些功勞，所以有時候就想一個人單槍匹馬做點什麼轟動的事，當然，要是出了紕漏，最後還得是由公司承擔，很少有受僱者們會從降低成本及風險，或是提高效率的角度出發，主動去聯合其他同事，共同完成某項工作。個人英雄主義有時候是會害死人的，而創業者，需要對社會資源的把握，才能成就自己。

你理解商人的「小氣」了嗎？

對於創業者來說，要想辦法把每一分錢花在刀口上，因為每一分錢的支出都是成本，省下來的就是利潤，所以，精打細算是許多老闆的習慣性思維

和動作。這是從過程中養成的習慣，絕對不是一個「摳」字能概括得了的。而受僱者們卻是大方得很，反正公司的資產是老闆的，又不是自己的，浪費點也不是割自己的肉，只要自己工作方便順手，浪費點又算什麼，以至於許多人在自己創業的時候，還改變不了上班時養成的大手大腳的習慣。這是創業、特別是創業初期的大忌。

你分得清固執和執著嗎？

完成工作的方法通常不止一種，正可謂條條大路通羅馬，但受僱者長期工作生涯下來，已經習慣了用單一思維去考慮問題，很容易使面臨各種困難的創業者，陷於「牛角尖」……

要記住，一個公司能成功，是需要有很多方面的因素的，包括團隊、產業環境、公司的發展方向等，但任何一個方面出了問題都有可能毀掉一個新創立的小公司。如果你發現還有一些沒解決的「缺陷」，那麼還是先補上再考慮創業吧。

創業心態比創業基因更重要

這似乎是一句老生常談的話：心態決定一切。無論做任何事情，良好的心態都是成功的關鍵。具有良好的心態，是每個創業者都應該具備的素養。拿破崙・希爾在《成功定律》一書中把積極的心態稱作「黃金定律」。積極的心態會帶來積極的結果，保持積極的心態，你就可以控制環境，反之環境將會控制你。要想擁有一個積極的心態，就要學會積極地思考。

成功人士與常人比較起來，最大的區別就是心態不一樣，思維模式不一樣。

對於一個創業者來說，經過緊張的籌備，終於開始「殺入」市場了。雖

然說「沒有不開張的油鹽店」，但是有多少人光顧才算是「開門紅」呢？

不過，「開門七件事」，處處得花錢，一來二去，現金流減少，市場反應平淡，當初氣衝霄漢的勁頭就容易降至低潮，「旗子到底能舉多久？」的問題也就開始冒出頭，要是沒有點「星星之火，可以燎原」的樂觀心態，這創業就成了「腦子拍拍腦袋天馬行空想點子，拍大腿就上馬，拍屁股就走人」的三巴掌買賣了。

只有具備好的心態，才能在創業之初的艱苦時期，避免陣腳大亂。其實，無論是哪一個成功者，在他的創業初期都是艱苦的，正所謂萬事開頭難。俗話說「發多大愁，成多大事」，在剛開始時遇到的困難最多，所有準備工作只有在初期理順，才能在以後的創業過程中如魚得水。

心態可以調整，而調整心態最簡單的辦法，就是從一開始時就進入調整的狀態。在選擇創業專案的時候，應該根據自己的興趣、能力和產品市場前景綜合評估後，再做出決定，絕不能人云亦云地盲目衝動。企業創辦後，一旦出現問題，應該冷靜面對、認真分析、逐項解決，絕不能由於某個環節上出現問題後產生浮躁情緒而怨天尤人，或者只找客觀原因，忽視主觀檢討。

強者對待事物，不看消極的一面，只取積極的一面。用一句話來說：「強者把每一天都當作新生命的誕生而充滿希望，儘管這一天有許多麻煩事等著他；強者又把每一天都當作生命的最後一天，倍加珍惜。」

有了好的心態，懂得進行心態調整，那麼你面對每一件事都會從容不迫、專心致志，避免「欲速則不達」，也可以規避掉很多「橫刀立馬」的困難。

對於一個創業者來說，下面的心態是不可或缺的──

歸零心態：不管以前自己有多了不起，也要把心態歸零，一切從頭開始。其實很多創業者，都是原來工作時的佼佼者，有著不錯的社會地位。但在創業的時候，一定要懂得放下，你現在是為自己做事，可能以前是客戶找你，

現在你要找客戶了。所以要有應對心理落差和地位轉變的準備，這是考驗創業者心理承受力的時刻，從決定創業的那一刻，你就注定了要應對各種人，你得低調、還要會奉承，更得記住和氣生財，說不定一個小小的職能部門的普通工作人員，就可以隨心情給你上一課。

感恩心態：很多企業都以《感恩的心》作為企業歌曲，不是沒有道理的。感恩就是感謝一切。有說明你的人，也有給你製造困難的人，更包括給你信任的客戶。別說你買我賣、兩廂情願，只有把客戶當上帝的人，才受到上帝的「青睞」。

付出心態：不是說麼，世間自有公道，付出就有回報，或者說，有「捨」才能「得」。再告訴自己一遍，你是幫自己工作！時間是可以自己安排了，但是你會發現更不夠用了。辦公室裡各種事務等著你去處理呢，要和客戶進行漫長的談判，廣告宣傳、市場調查，員工管理……你就是好不容易倒在床上，也不由自主「三省」一下，提醒自己明天要幹什麼。這時候，就算你有天大的委屈，難道能把事情像甩包袱一樣扔開嗎？

合作心態：合作是一種促進事業發展的必然選擇，透過合作，彼此互取所長，互補所短。作為企業經營者，和合夥人是合作，和員工是合作，和客戶也是合作。所以要看到對方的長處，取長補短，才能成就你的事業。說白了，合作的態度，也是包容的態度。漢高祖劉邦曾說：「我做這個不如蕭何，做那個不如韓信。」但是，最後當皇帝的是劉邦。

堅持心態：沒有人可以一步登天，失敗才是成功之母。德國人有句話：「即使世界明天毀滅，我也要在今天種下我的葡萄樹。」這就是等待「柳暗花明又一村」的最好解釋。困難是再正常不過的事情，沒學會咬緊牙關，就先別開口喊什麼創業。

務實心態：創業者在創業之初以及創業過程中，都會在自己腦海裡勾畫

一副宏偉的藍圖，都有著自己的夢想。但是找對自己企業的定位很重要，你為「500 強」的經營策略和管理制度鼓掌叫好，但你自己的企業應該有自己的原則和做事方法。找準適合自己企業的運作和管理模式，是所有創業者最應該上的管理第一課。

創業之初，「因地制宜、靈活多變、低成本、低費用、快速見效、快速盈利」，這些都是你的關鍵字，長遠規劃和大手筆要等你經營的企業能「活」到那一天再說。

務實，可以說是創業之初最重要的態度。對於資金不是很充裕的小資創業者來說，無論你的規劃和策略多麼完美無缺，多麼務實可行，只要不能在短期內實現盈利，後面的任何計畫都與你無緣。

幾乎每一個創業者都愛做夢，都會幻想著企業在自己的帶領下能夠迅速地發展，如一匹黑馬般騰躍而起，有一天成為本地區、本產業裡的領袖；自己的產品要如何規劃、豐富；自己的員工要如何培訓管理；自己的企業要如何茁壯成長，避免失誤⋯⋯如果是上帝，就可以直接點石成金了。

假如你在一個長期奮鬥於商海並有所成就的人面前講這些話，他極有可能會毫不猶豫地告訴你：「你的想法很好，非常有前途。但是我們現在先不談這些，先把眼前這件事情做好。」

眼前這件事，就是生存，就是堅持，就是先留得青山在，不怕沒柴燒。

既然成了創業者，就等於告別了員工的角色。角色的轉變，必然要實現心態的轉變，否則，你的創業也就成了「過把癮就死」的一齣鬧劇，失敗也將是注定的命運。

成功學的激勵不是萬能的

「勵志照亮人生，創業改變命運」，這樣的豪言壯語的確能使很多人熱血

沸騰。在書本上的「致富傳奇」，這些資訊裡營造出的「創業激情」讓很多人義無反顧地投身於創業大潮，連缺乏基本的商業經驗和社會經驗的大學生們，也越來越多地前赴後繼。創業，在大家心中似乎比求職來得更加輕鬆有效，這似乎是一個只需要大聲說出理想就可以換取財富的演講比賽。

是啊，當年輕的新財富偶像開著 BMW，當排行榜上的財富數字不停地刷新，當財經雜誌上的成功人士告訴我們一個又一個創業傳奇，展示一幕又一幕的財富神話，捫心自問，誰不渴望成為新一輪創業浪潮中財富的製造者和擁有者呢？

但是別忘了，媒體給我們過多呈現了「物質極大豐富」的樣板，卻有意無意間忘記了告訴我們，每一個成功的企業家都是在不斷跌倒中成長起來的。

馬雲說：「今天很殘酷，明天更殘酷，後天很美好！很多人死在明天晚上，看不到後天的太陽。」

很少有人真正切身體會到這句話裡面提到的「殘酷」的含義，我們往往更多的只是記住了這是創業財富之神說的一句名言。那麼，真正的現實就是，大家每天都在談論成功者，這個社會也的確每天都在誕生新的成功者，但同時，也有更多的成功者、來不及成功者在走向失敗。

對創業來說，激情是一種催化劑，它能觸發創業者的綜合素養與各方面的潛能用於創業。但面對創業者而言，激情過多的弊端，表現在創業的信誓旦旦與對創業前途持過於樂觀的態度上，這會導致對創業專案可行性分析不夠或不全面、不嚴謹，只從事物的一方面評價創業專案。這其中有很大一部分創業者都僅僅只是有一個想法，而沒有實現這個想法可行性高的實施方案作為保證。

也許我們都遇到過那些被創業勵志書籍影響很深的人，都覺得自己有個

好的計畫，像那些心高氣傲的美女一樣，等著別人來「迎娶」。一旦失望，就歸罪於沒有伯樂，覺得別人不找你是他的損失，然後鼓勵自己「是金子早晚會閃光」，卻從來不去想，你為什麼找不到感興趣的人。甚至於有的人，直接跑到網上去發一個帖子：「我有好計畫，歡迎天使基金來和我談。無誠意勿擾！」這樣的精神，說可嘉已經不足以表達了，只能叫人無語……

更何況，創業絕不是一個簡簡單單的創意，更多的是一種長期堅持的、考驗意志的、考驗團隊的綜合行為。有些人總覺得自己堅持就能成功，事實上，堅持是一種努力，而不是你等待的耐心。你陶醉在自己的「好計畫」裡，幻想著伯樂不期而至吧！不過，最好在伯樂問你下面的問題的時候，你能有很好的回答──

你的事業的核心價值是什麼？為什麼選擇這個項目而不是別的項目？團隊在哪裡？財務預算？目標客戶？持續經營的動力在哪裡？

這些問題，可不是一句「我能！」就可以應付過去的。

第一次創業，創業者在創業準備期的設想和決策，大多數都是個人依據書本或媒體上所獲得的知識與資訊而作出的。在考察商機與專案時，往往只能停留在理論分析上，所以無法從各方面了解項目。在此情況下，還是少喊口號為好，應該以冷靜理性的心態面對創業機會與項目。

這樣才能少走彎路，才能讓激情有的放矢。

所以，把自己呼喊創業口號的拳頭放下，理順自己的思路更為重要。

你有成功的渴望，可是你有風險意識和經受挫折的準備麼？

儘管輕描淡寫，但你去閱讀那些創業成功者的故事時，他們差不多會有一些相同的感慨：創業過程中碰到的困難比預料的多得多。首次創業，往往存在資金、技術、管理、能力等多方面的不足，在創業過程中肯定會遭遇這樣那樣的難關。你如果滿心以為自己一定播下了龍種，當發現長出了跳蚤的

時候，一直被自己的激情「晃點」到好幾層樓高的你，恐怕就覺得這激烈的市場競爭「一點面子也不講」，不是倒下去，就是被吞沒掉了。

你有連自己都佩服自己的點子，可你在準備上馬時，做好市場調查了嗎？

被激情的光芒閃瞎了眼睛，盲目性也就成了很多創業者的「通病」。那誰和那誰都成功了，我為什麼就不可以？許多創業者只看到他人成功後的表面現象，不顧時間、地點的差異，盲目照搬別人的創業故事，「可取而代之也」的豪氣就升騰了。但是，沒有充分準備卻是創業成功率低的一大原因。

不打無準備之戰，創業前一定要做好充分的準備。市場調查分析是每一位創業者在創業之前必須認真做細的一項工作。首先要綜合自己的知識儲備、技術能力以及市場調查等多方面情況確定一個合適的計畫，要選擇自己熟悉又專精的產業進入。一切並非想像的那麼容易。

你確信你的路選對了，你已經對未來胸有成竹，你的支持者呢？

創業不是去市場上擺擺攤，更不是搞什麼網路上拍賣，你需要別人的說明。那麼，你有一支來則能戰的團隊嗎？你的團隊也不是你告訴他們「有了錢給你們配多一點股票」就能管理的。一支優勢互補的創業團隊，需要你去注意團隊成員的性格搭配、角色分工、知識技能互補等因素，甚至你得考慮好如何使你的隊員對公司的遠近期目標、策略制定、股權分配達成共識，這樣才能保證創業團隊形成最大的合力。

你現在要人有人，要錢有錢，連東風都不欠了，那麼你是不是就想三通響鼓，殺將出去？

記住，先學會走路再嘗試奔跑。這個時候，你的激情可能使你對市場的預測更加樂觀，你越來越看到勵志宣言裡的藍圖了，但是，還是慢慢來吧。那些事業的臺階，不是三步並作兩步的，如果你就想著做大做強，想著「有

朝一日」，說不定還有很多跟頭等著你栽。記住，別老是把「第一桶金」掛在嘴上，還是先學著去賺「第一分錢」。

追求旗開得勝，不必破釜沉舟

「不成功，則成仁」、「破釜沉舟」、「留退路，不算創業」……這些話似乎都是給決心創業者準備的。不留後退的餘地，只許成功，不許失敗，似乎是每個創業者每天早晨給自己的激勵。

創業無退路，的確如此。退路是給失敗者準備的，只有一心想著成功，才有機會。

創業無退路，但是，也並非有信心就能夠成功。要想創業成功，就得既要有勇氣面對創業的挑戰，更要有勇氣面對失敗，提前考慮好退路，是風險規避的過程，之後，我們不依賴退路，不為有退路而感到穩妥，因為，我們的目標是成功……但是，創業不是加入敢死隊，創業者可以不給自己留退路，「下定決心勇往直前」，卻要給自己的事業考慮退路。

和前面說的勵志學一樣，創業不是簡單的烏托邦式的理想加信念，光憑一腔熱血加美好夢想就能順利到達勝利彼岸的。個人創業，更多的是要透過科學的前期規劃、多角度觀察、理性分析、有效的資源整合、成熟高效的運作技能、良好的商業心態等等這些重要的、必不可少的環節與因素來作為支撐，才可能保障創業的穩健起步和成功率。

破釜沉舟對於創業來說是一種感性的信念，還要有運籌帷幄的理性，否則，往往是夢想高過於規劃，熱情淹沒了冷靜。也正是因為這樣的「比例失調」，創業者的「倒下」才顯得有些無奈與可惜。5% 的創業成功率，是一個很不容樂觀的數字！

創業的確需要一種決心，有的人離開自己為之奮鬥了十幾年的工作職位

和企業，出來自己創業；有的人是拿著父母、親朋多年來辛苦攢下的積蓄，這些是需要很大的勇氣和承受力來面對的。自己肩負著家人及朋友的無限寄託和希望。你的未來，也是他們的前途和生活依靠，你除了要面對複雜的商業競爭環境，還要面對家人和朋友的巨大期盼。所以，你幾乎沒有任何退路，只能想辦法走向成功。

但事實上，創業沒有風險可能嗎？天下哪裡有穩賺不賠的生意？如果認定一條路走到底，一路喊著大不了從頭再來，你豁出去的並不只是你自己。家人、朋友能允許和承受你失敗嗎？幾年之後，你還是條好漢嗎？真的敢再次把辛苦攢下來的積蓄投入創業嗎？

創業的路上有許多意外，有許多的不可把握、不可預知，因此，做任何事情，都要往最壞處想，然後往最好處努力。沒有完全按照計畫進行的事物，世界是運動的，今天合理的東西，明天也許就會變得不合理。而唯一合理的就是「存在」，包括失敗的存在。因此，沒有思考好退路，是不理智的創業。

這裡需要強調的是：「創業前，去思考退路，而不是依賴退路。」

給事業留條退路，絕對不是膽怯或者無能的表現，而恰恰是一種智慧。實際上，思考退路的過程，也是風險預見的過程，在整個分析過程中，你會更細緻地發現創業中存在的風險，哪些是可以預防的，哪些是可以解決的，哪些是需要承受的，哪些是必須要面對的……在這個過程中，你會發現一個問題，也是最不願意面對的問題，那就是「失敗」後如何改變策略。如果能夠找到答案，你創業的風險就會降低；如果無法改變，就只能接受這無情的事實。那麼，風險已經不重要了，重要的是如何調整你的心態，正確面對失敗，這也是成功者應該具備的基本心理素養。

設計好退路，想好可能發生的一切問題：「萬一融資失敗，事業如何進展；

萬一執行力不足，如何面對快速增長的企業；萬一出現強大的競爭者，如何規劃經營路線；萬一市場、政策出現變動，如何處變不驚；如果專案營運失敗，負債累累，如何重新來過，或者，沒有重新站起來之前，如何保全自己的正常生活……」

當然，以上問題不一定都能遇見，但是，我們卻不能不提前考慮清楚答案。這樣，你才能輕裝上陣，毫無顧忌地去創業，去開闢自己的天地。否則，問題出現時，臨時思考，會占據你有限的時間和精力，從而牽扯事業的正常營運，影響頭腦的正常思考，所要承受的成本會高於提前準備好的幾倍。所以，提前設計退路，並不是給創業留有餘地，而是，讓自己更加有信心地去創業。

就算到最後，我們得到的是最壞的結果，但是，就算是那樣，我們可以在接受這個最壞結果的時候，多一些冷靜和理智，這樣對我們的創業是有很大好處的。

那麼，在真正由心動落實到行動的創業者中，有著高達 95% 的失敗率，失敗率如此之高，構成原因是很多的，簡單點說就是還不具備做一個成功老闆的思維方式和能力。

那麼如何才能具有一個成功老闆的思維方式和能力呢？需要注意處理好以下幾個問題。

不要過於表面化地看待商業

通常情況下，創業者尤其是初次創業者，往往缺乏對商業本質、商業運行原理、資源匹配原則、利益的驅動作用和多元化特性等這些本質和核心原理的理解，過於表面化地看待商業，而這常常是導致出現違背商業原則的根本性錯誤的主要因素。

環節與系統的差別

大多數創業者往往是對某一方面或者說是某一環節較為熟悉和擅長，在原來的工作職位上通常都做得不錯，而且積累了一定的資源。例如個人創業者中，行銷人員占了大多數，因為行銷人員往往會覺得自己對客戶管理、銷售、產品、產業都比較熟悉，自己跳出來做應該沒甚麼問題。其實，在企業裡，除了老闆外，任何一個職員所發揮的最大作用，也就是一個環節的作用，而若干個環節才能形成一個整體的商業系統。例如，行銷在企業裡也只是一個環節而已，企業的整體運作還包括內外部管理、人力資源、市場策劃、資本運作、政府關係、財務監控、法務應對、審計稽查、流程管理、生產、研發等環節，懂得一兩個環節絕不代表玩得動一個整體的系統。

長線與短線的差別

創業是一場戰爭，必須準備齊全，否則不要輕易動手。這種所謂準備齊全，不僅僅是物質上的，主要是指精神上的。俗話說，凡事豫則立，不豫則廢。商業專案往往需要以年為單位的全盤規劃，規劃中涉及的每一個步驟、每一個延伸點，每一處所涉及的資源，事務的前後銜接關係，具體的專案時間進度等等，都要有清晰的描述和防備變化退守的對應措施，並且還有許多需要預先籌備的專案事務，整體構成一個長線的、完整的商業規劃，而許多個人創業者壓根沒想的那麼周全，往往只是一個簡單的目標概要，至於其中所涉及的具體步驟也只是一些很模糊的框架，許多事情都是走一步算一步，充其量只能算一個短線計畫。

理性地評判自己

創業者要清晰地認識自我，知道自己的底細，比知道別人的底細更加重要。俗話說，人無完人，每個人在才能方面都是有長有短。如果創業者能清

醒地看到自己的長處與短處，並且透過合作者的長處來彌補自己的短處，那麼創業成功率就會高出很多。但是，大多數創業者對自己的認識遠未達到一個理性和全面的程度，覺得自己差不多都是十八般武藝，樣樣精通，其實，哪裡有這種人？

商業眼光還是個人眼光

衝動是魔鬼，理性是使得自己的企業走向正規，獲得發展與前進的根本，與正規企業決策層所不同的是，個人創業者決定是否來承接某個商業項目時，很少有進行理性的市場系統研究與專項分析，而更多的是依據個人的市場操作經驗和閱歷來作為分析基礎，再融合一些個人對新產品的直觀感覺，就這樣做出了判斷。

無論是個人還是企業，在決定承接或者操作某個項目的時候，一定要三思而行。據統計，個人創業者承接專案的平均成活率一直維持在 10% 以下的水準，而企業新產品的平均成功率基本可以保持在 40% 以上，區別在哪裡，不是規模和資本的區別，而是研究判斷方式的區別。理性的系統的分析判斷方式自然要比感性的個人的分析判斷方式要科學得多，也有用得多，畢竟極少有個人能夠引導或是製造潮流。個人創業者大多作為商業中間流通體，絕大多數只有跟隨潮流的份，但很多創業者過於相信自己的眼光和判斷力，認為自己的經歷已經能夠來洞察市場並準確地預測，結果常常是自己種的苦果自己咽。

「炒短線」培訓不出實業家

「創業經商」是一門學問而且技巧性很強，對實踐性的要求也很強，所以，創業者首先要明白，不是讀了個醫學院的任何一個專科就一定可以拿手

術刀的。

　　創業也是一樣的道理。除非一個人從實踐中掌握了這種技巧，否則，無論他讀過多少本書，制定了怎樣精美的計畫書，抑或是有很好的起步條件，都毫無用處。你必須犯過錯，並學會如何改正，才能避免將來再犯錯。

　　豪情萬丈的你，能接觸到很多和創業有關的知識資訊，哪怕去博客來的書目裡就能如數家珍：組織行為學、個人成功學、人際心理學、團隊領導學、策略規劃、市場行銷、資本營運、人力資源、企業管理……這些都需要學習，但千萬不要以為這些就幫你掌握了企業管理的奧祕、基業長青的法門，於是開始想自己3年後要創建一家「百年企業」，甚至已經聯想到未來的整個組織目標、未來的策略宏圖。

　　創業者要有實幹精神。要知道一切的夢想和野心最後的實現，都離不開立即行動和實實在在的苦幹實幹。創業者必須明白，創業階段是處在一個100%付出，收穫也許不足1%的階段，少抱怨公平與否，認定了就從小事的細節做起，做細做精細節小事，少些投機取巧。萬丈高樓平地起，夯實基礎是創業越創越輕鬆的成功保障。

　　前面一再提及，創業者熱情很高，並不等於成功率很高，而準備不足倉促上路和眼高手低不切實際是創業成功率低的主要原因。

　　「創業」是一個系統「工程」，它是建立在對產品定位、商業市場、企業運作、人事管理、供應商和購買方協調、財稅運作等等的營運能力的基礎之上，即便是學工商管理的學生又有幾個對這些東西有真正的認識？這些認知通常來說，都是透過在工作過程中慢慢積累起來的。一些創業者連基本的市場調查都沒做，對「經商」知識不過是來自閱讀，只是紙上談兵。

　　所以，在有創業動機的時候，就一定要在心理、企劃等各方面做好充分的準備，放低身段從實踐做起去鍛鍊本領，潛到真實的市場中去尋找商機，

才能走上創業成功之路。不然，創業就是你方唱罷我登場，全部「來也匆匆，去也匆匆」。

對於創業者來講，時常讓自己「充電」是必不可少的環節。但是，「充電」目的是培養自己的創業能力和工作能力，而不是以「企業家速成」為目標。不然，這樣的「炒短線化」和「自我教育」，缺乏系統性與層次性，缺乏實踐的印證，會成為創業者最大的軟肋。

創業中真正遇到的困難比你在閱讀中體驗到的多得多。過多的「先入為主」，也許會陷於盲目的「快樂構想」。創業者的自我教育，有賴於有效的創業實踐支撐，要做到目標明確、定位清晰、計畫可行。

現在很多電視臺都在搞「創業大賽」，經常可以看到那些侃侃而談的「準創業者」，「我們在搭建商業模型前，使用了『波特五力模型』、SWOT 分析模型，並作了系統評估。」這樣的話多麼專業，不說那些奇思妙想的創意，單是商業計畫書，從形式上看甚至比專業企劃案都做得成熟。可是，經常出現的情況是，評審們並不看好，不斷有評審提出「你們的商業願景很美好，但是否考慮過怎樣順利實現創意？」理由很簡單，那些創業思路，都喜歡從大處著眼，這恰恰增加了「落實」難度，創業更講求實際操作與可行性，如果能做到這點，才會少很多「紙上談兵」的尷尬。

創業計畫不是科幻小說腳本，那些字裡行間的理論，反倒是不如一些「實際操作性」很強的創業思路來的實在，可行性，是靠實幹來保證的。

別給自己的事業「公式化」

初期創業不要總是模仿別人的方法去創業。有的創業者認為我就是學別人成功的企業就行了，市場大得很，我們自然不愁沒有市場。其實大凡在市場有明顯成功者的時候，說明這個市場已經近於飽和，進入了發展的後期與成熟期，離衰退期不遠了，能在這個市場成為成功者的企業，都有其明顯的

優勢與核心競爭力。你一個新創公司，在某些方面可能很不足，比如，你有資金，但卻沒有技術實力；有了技術，可能員工缺少創業的經驗；有了經驗，可能市場已經不好進入，或者是成本過大沒有進入的必要了。要知道現在的很多成熟市場都是資金密集型或是技術密集型了。這個時候，你一定要科學、理性地考慮。

　　那些從企業走出來去創業的人一般都是人才，但創業後，特別是有了一定規模後，管理應該是你最精通的。你選擇當了老闆，這時你要學會把握事情的本質與企業的命脈。也許有很多創業者說，我看過很多成功者的故事或者書籍，有很「豐富」的經驗了，但我們告訴你，這遠遠不夠。就像前面說到的，理論是用來指導實踐的，你沒有去實踐，沒有透過過程的掌握與運用將那些理論的東西變成你個人，你書讀得再多也沒有用。所有的成功者，他們的成功都是很個性的！

　　他們之所以成功，是因為他們特定的環境、自身特定的性格及特定的歷程決定的。在商場風雲變幻的今天，很多成功的案例是不具備可模仿性的，所以，創業者一定要學到他們創業的心理意志與心路歷程，而不是他們創業的具體流程。

　　由於不同類型的人的社會閱歷、工作經驗、性格特徵等方面的不同，各自的創業方式也會有所不同，創業前先審視自我，創業賺錢商機應該如何找尋？如何發現好的產業與項目，如何能進而創業成功。

中年人創業

　　中年創業還是蠻不錯的一個時刻，從資本的積累上來講，人到中年，該經歷的大都經歷了，他們一般見多識廣，認識問題有了相當的力度和深度，不再為表面所迷惑，遇事冷靜，即使遇到複雜事物也不致搖擺不定。比如各種各樣的生活常識、工作產業的知識等等。這些都對創業有重要的幫助。

　　此外，中年人的心理已經非常成熟，性格特徵也基本定型。透過以往的或成功或失敗的經歷，他們吸取了寶貴的經驗和教訓，具備了創業需要的良好的心理素養。並且，中年人豐富的人生經歷給他們帶來了許多寶貴的資源，而這些資源對創業的成功發揮至關重要的作用。人脈資源、產業資源、物質資源都會對創業有很多幫助。

　　但是，中年人創業也存在一些不利因素。首先，中年人創業面臨的家庭壓力更大，需要一個穩定的經濟來源。而自主創業所面臨的風險恰恰不能保證經濟來源的穩定，而且在創業初期企業有可能在相當長一段時間內處於虧損狀態。其次，中年人創業穩重有餘，衝勁不夠，會因為保守而使企業的發展速度緩慢。

　　值得注意的是，中年人沒有了年輕人強壯的體魄，而創業不僅需要付出大量的腦力、心力，還需要付出大量的體力。特別在創業初期，各種問題千頭萬緒，如果沒有好的身體，創業者很容易累趴倒下。

　　中年人創業要冒更大的風險。中年人創業的機會成本大，一切都得從頭做起。對於本來就「一無所有」的年輕人來說，創業失敗全當交一個學費，增長創業的經驗。而對於中年人來說，他還能有多少次這樣的機會呢？

年輕人創業

　　對於一些青澀的年輕人，雖然他們沒有創業的經驗，沒有創業的資本，可是他們總是有著太多的夢想，有著別人想不到的好創意，如掌握流行趨勢的敏銳度較高，大膽創新、思想靈活，以及「年輕就是財富，不怕賠」的想法等，都是初出茅廬的年輕人的創業本錢。但總的來說，年輕人創業要注意以下幾點。

　　不要好高騖遠，要多聽前輩長輩們的意見。多吸收分享創業成功者的經營經驗，才能夠選擇最適合自己的產業。不要抱著找不著工作才去創業的

想法，年輕人創業前最好先有一些職場磨煉經驗，以學習企業管理的實務與方法。

青年創業要避免幾大失誤，而最大的陷阱就是「入錯行」。一看到熱門投資產業，不管是否適合投資，自己是否懂行就投資，青年們憑藉著一時創業熱情，有的甚至貸款、借債投資……創業激情是青年創業的資本，但對於年輕人來說，創業第一步應對自己各個方面進行分析，包括自己的個性、學歷、專業、經歷、心理準備、資金、社會資源等，把這些因素與自己想要進入的產業的前景、市場競爭程度等做個全面的評估和認識。創業需要理智而不是衝動，創業需要冷靜而不是狂熱。

創業初級階段要從小處入手，看準細分市場、專注經營，「勿以善小而不為」，做企業與做人一樣。任何一家企業都是從最小、最底層做起的。同時，要創業成功就要每天向自己提出問題，保持有品質的學習，不要被經驗所束縛。要保持成功，就盡可能做到「別人沒看到的，你看到了；別人看到了，你關注了；別人關注了，你研究了；別人研究了，你做出成果了；別人做出成果了，你提創新的問題了」這樣一個永遠比別人搶先一步的狀態才行。

夫妻共同創業

所謂「夫妻同心，其利斷金」。夫妻創業二人是站在同一條船上，比較願意同舟共濟，共商對策，遇到挫折也能互相幫助。此外，夫妻創業在調配時間上比朋友合夥容易，繁雜的事情一般也不會斤斤計較。

但是，夫妻合夥創業也有一些問題必須引起注意：二人分工，各司其職。夫妻創業，可以依個人的性格與興趣規劃職責，如丈夫負責生產、營運的部分，妻子就負責銷售或財務管理，二人通力合作又各司其職，創業時可達事半功倍的效果。

夫妻創業所選擇的方向，最好是兩個人共同喜好的事業，因為對於不喜

歡的事情，創業者很難用心去經營，在這種心境下，想要和樂共處、獲得利益，就不是那麼容易的事了。

另外，事業的經營會牽涉到諸多財務問題，不論是創業準備金還是利潤的轉投資，都可能是事業發展策略制定時須明確掌握的重點。如果夫妻雙方對於理財的觀念無法取得良性的互動，則決策衝突將成為事業或夫妻關係失敗的導火線。

夫妻二人共同經營一項事業，彼此理念不合是最不利於發展的，員工也會因此而陷入無所適從的境地。夫妻雙方如想建立恆久的事業結構，必須在創業前，先確認創業後的角色扮演與職責，以免影響組織的運作，如能以事業合夥人的心態來參與經營，應是較適合的創業理念。

此外，還需要記住的是，不論是在日常生活中還是事業經營的過程，夫妻雙方觀念的交流與認知的協調都是必要的。如果夫妻在溝通技巧或互動模式未成熟的情況下創業，則生活情境與事業交叉干擾及衝突的可能性將大增，如此一來，不僅對事業發展大為不利，還可能因此破壞了夫妻情感。

好習慣讓偶然成為必然

成功是一種習慣，失敗也是一種習慣。你的習慣無法改變，但可以用好的習慣來替代。成功很簡單，只要將簡單的事情重複做，養成習慣，如此而已。以下是成功者 7 個價值連城的習慣，我們稱之為「百萬元的習慣」。

習慣一：別指望誰能推著你走

如果你自己不向前邁步，想指望別人推著走，顯然是不現實的。因此，要想在創業的道路上走得瀟灑、漂亮，就一定得採取積極主動的態度。

我們常說：「我不會……因為遺傳……」、「我遲到，因為……」、「我的計畫沒完成，因為……」我們總是在找藉口或是抱怨，在不滿中消耗自己的生

命。而人類與動物的區別正是人能主動積極地創造、實現夢想，來提升我們的生命品質。所以，有效能的人士為自己的行為及一生所做的選擇負責，自主選擇應對外界環境的態度和應對方法；他們致力於實現有能力控制的事情，而不是被動地憂慮那些沒法控制或難以控制的事情；他們透過努力提升效能，從而擴展自身的關切範圍和影響範圍。

積極的心態能讓你擁有「選擇的自由」。我們雖然不能控制客觀環境，但我們可以選擇對客觀現實做何種反應。積極的含義不僅僅是採取行動，還代表對自己負責的態度。個人行為取決於自身，而非外部環境，並且人有能力也有責任創造有利的外在環境。

習慣二：忠誠於自己的人生計畫

或許，在人生道路上我們會迷失方向，並且因為徘徊和迷途消耗了自己的生命。但是在這點上，高效能的人卻懂得設計自己的未來。他們認真地計畫自己要成為什麼人，想做些什麼，要擁有什麼，並且清晰明確地寫出，以此作為決策指導。因此，「以終為始」是實現自我領導的原則。這將確保自己的行為與目標保持一致，並不受其他人或外界環境的影響。我們將這個書面計畫稱之為「使命宣言」。

任何一個存在的社會組織都需要「使命宣言」，任何一個企業或個人也不例外。「使命宣言」需要階段性地評估以及持續修正和改良。

我們時常發現，有些人雖然成功了但是卻感到失落。這很可能是因為他們在埋頭苦幹時，尚未發掘人生的終極目標，只是為忙碌而忙碌著，未曾洞悉自己心靈深處的所欲所求，也不曾審視過自己的人生信條：我到底要做什麼？什麼是我生命中最重要的？我生活的重心是什麼？只有確立了符合價值觀的人生目標，才能凝聚意志力，全力以赴且持之以恆地付諸實踐，才有可能獲得內心最大的滿足。

習慣三：選擇不做什麼更難

時間和精力對每個人來說都是有限的，寶貴的，所以要做重要的事，即你覺得有價值並對你的生命價值、最高目標具有貢獻的事情；要少做緊急的事，也就是你或別人認為需要立刻解決的事。消防隊的最大貢獻應是做好防火工作，而不只是忙於到處救火。因此，「要事第一」是自我管理的原則。

高效能的人只會有少量非常重要且需立即處理的緊急、危機事件，他們將工作焦點放在重要但不緊急的事情上，來保持效益與效率的平衡。

「有效管理」是把最重要的事放在第一位的重點管理。先決定什麼是重點，然後掌握住重點並時刻把它放在第一位，以免被感覺、情緒或衝動左右。要想集中精力於當前的要務，就必須先排除次要事情的牽絆，要勇於說「不」。

習慣四：遠離角力場的時代，營造合作的舞台

只有懂得利人利己的人，才會把生活看作一個合作的舞台，而不是角力場。在一般人眼裡，任何事情都是非強即弱，非勝即敗。其實，世界給了每個人足夠的立足空間，他人之得並非自己之失。因此，「雙贏思維」成為人們運用於人際關係的必要原則。

而那些具有雙贏思維的人，往往具備正直、成熟和富足心態這三種個性品格。他們忠於自己的感受、價值觀和承諾；他們有勇氣表達自己的想法及感覺，能以豁達體諒的心態看待他人的想法及體驗；他們相信世界有足夠的發展資源和空間，人人都可以共用。

雙贏思維的形成是以誠信、成熟、豁達的品格為基礎的。一個人只有具備崇高的價值觀和自信的安全感，才能具備豁達的胸襟，所以他們不怕與人共名聲、共財勢，從而肯嘗試無限的可能性，充分發揮創造力和廣闊的選

擇空間。

習慣五：換位思考的溝通

當遇到事情的時候要將心比心，「知彼解己」是溝通交流的原則。

我們與人溝通時難免會犯這樣的毛病：不分青紅皂白、妄下斷語等等。因此我們必須注意：「了解他人」與「表達自我」是人際溝通不可缺少的要素。首先要了解對方，然後爭取讓對方了解自己，才是進行有效人際交流的關鍵，要改變匆匆忙忙去建議或解決問題的習慣。

同時，我們還要培養設身處地的「換位」思考習慣。「己所不欲，勿施於人」，同樣的，要想得到別人的理解，首先要理解對方。人人都希望被了解，也急於表達，但卻常常疏於傾聽。眾所周知，有效的傾聽不僅可以獲取廣泛的準確的資訊，還有助於雙方情感的積累。當我們的修養到了能把握自己、保持心態平和、能抵禦外界干擾和博采眾家之言時，我們的人際關係也就上了一個臺階。

習慣六：過著身心平衡的生活

身心和意志是我們達成目標的基礎，所以有規律地鍛鍊身心將使我們能接受更大的挑戰，靜思內省將使人的直覺變得越來越敏感。當我們平衡地在這兩方面改善時，則加強了所有習慣的效能。這樣我們將成長、變化，並最終走向成功。

磨煉是一種財富，一個人如果沒有經過生活和工作的磨礪是很難成熟起來的。人生最值得投資的就是磨練自己。可以說，工作本身並不能給人帶來經濟上的安全感，而具備良好的思考、學習、創造與適應能力，才能使自己立於不敗之地；擁有財富，並不代表有永遠的經濟保障，擁有創造財富的能力才真正可靠。

　　上面提到的這些習慣都是相輔相成的。既包括我們本身，確立目標就要全力以赴，著重於如何進行個人修煉，由依賴轉向獨立，實現「個人成功」；又包括建立共贏、換位溝通、集思廣益，都將促進團隊溝通與合作。好的習慣可以督促我們從身心開始自我完善，透過培養這些習慣，我們可以循序漸進地獲得實質性的變革，成為真正意義上的成功人士。

 第一篇　面面俱全的自我評估

第二篇
多多益善的準備計畫

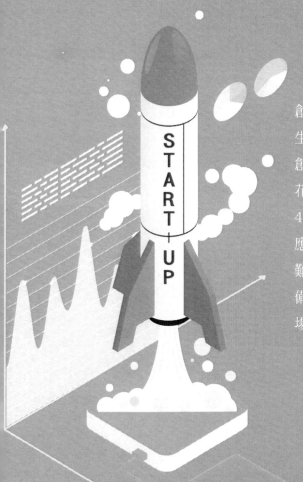

創業前的準備對於新企業建立後的生存能力具有重大影響，絕大多數創業者在從思考創業到創辦企業所花費的時間在半年到一年以內，以4到6個月的比重最大。這個時間應該說是比較適宜的。如果太短，難以全面了解市場及做好自我準備；若太長則可能會錯過目前的市場機會。

「天時地利人和」的分析報告

當「創業」這兩個字開始越來越頻繁地在我們腦子裡出現時，我們除了要考慮「我要不要開始創業」，還要考慮「我應該怎麼開始創業」。既然對創業說了 YES，接下來當然就到了問 HOW 的時候。

實際上，不管是那些整天出現在電視中風光無限的成功創業者，還是散見於網路上的「小資」草根英雄，都是時代的產物。不管是因為教育、環境、經歷還是個性、特長，不論是技術創新、實現個人價值還是追求高利潤回報，每一個創業行為雖然源於不同的需求，但也總能讓我們找到共同點，那就是對「天時地利人和」的一種綜合考量。

創業成功要具備天時、地利、人和，這樣的說法貌似不著邊際的「老生常談」。但說白了，就是要具備「市場、資源、資金」等重要指標，如果少了其中的一項或兩項，創業失敗的可能性就會相對地有所增高。

如果還是把眼光往回看，那麼「天時地利人和」也顯得過於謹小慎微。早個幾十年，可能只要你手裡拿到一張「政府訂單」，或者只要你敢去「路迢迢水長長」闖蕩，那麼你就是一條「建功立業」的創業好漢了，人們會管你叫「高手」。可以說，那個年代創業，難度係數沒現在這麼高，可收益係數卻高得很嚇人。原因其實也很簡單──市場不規範、法律不健全、競爭者稀少……姑且也能算「天時」吧。所以，很多暴發富翁在當時脫穎而出，如同神話。

不過，等大家感覺到這些人的「富貴逼人」，開始羨慕的時候，已經來不及了。隨著資訊開放的深入與推進，法律也越來越規範和健全了，而且，前赴後繼者頻頻出現，競爭也開始越來越激烈。所以，創業的天時地利人和，也越來越需要「恰到好處」。逼上梁山式的悲壯，除了算鋌而走險，未必能創

造「奇蹟」。

除了對財富的鍾情，大多數創業者在創業之初，還是習慣「懵懂」地跟著感覺走，似乎依然堅信「世間自有公道，付出總有回報」。可是要知道，即使是賭博高手，也不屑於玩那種「一翻兩瞪眼」的牌局。大部分的創業成功，是透過深思熟慮、全面周全的計畫才得以實現的，糊裡糊塗中就脫穎而出不是不可能，但不是有效的。

知己知彼，未必真的就百戰百勝，但不打無把握之仗，卻應作為恪守的原則。所以，不妨先觀察一下自己的天時、環顧一下自己的地利、打量一下自己的人和。

「天時」就是市場

市場包括了外部環境與內部環境。道理很簡單，假如產品沒有市場、沒有需求，就等於沒有存在的意義。創業了，產品卻找不到婆家、銷不出去，那麼企業就算不馬上關門倒閉，也會是坐以待斃。另外，產品不合格或者違反法令，也會給創業者「迎頭痛擊」，這就要算是「天時」和你開玩笑了。創業第一步，就是生存，叫自己的產品契合「天時」有三條道路：成本領先、產品差異、市場細分。所以，創業者要在這三個策略方面下工夫，找出適合自己企業的策略出來。有時候，市場最大的障礙是進入壁壘，這是產業壟斷者或者政府設置的，除了繞開，似乎沒有好的辦法。

「地利」就是資源

創業資源包括了人力資源、土地、廠房、設備資源、產品資源、社會資源等。按照通常的思路，只要你有資金，資源就不是問題。但不要忘了一句話，「錢不是萬能的」，社會資源，說白了也就是「關係網」，這是文化背景造成的，有時候，這張網是很微妙的。很多按潛規則辦事的「默契」，不是

創業者所能打破的。這部分的自我評估，於是也就成了很重要的創業要考慮的因素。

「人和」就是資金

我們不妨把資金比作血液，如果創業者出身豪富之家。創業者只要有個李嘉誠那樣的老爸，隨便拿出幾千萬、幾億安排他學學做生意，那麼這樣的創業，可能就有提前成功的曙光了。但這時，創業的樂趣其實也就打折了。我們這裡說的是小資創業，這樣的創業者在資金方面注定會是拮据的。也許能找到錢，但這錢的份量也就多了一些責任在裡邊 —— 是多年積蓄，還是父母贊助？是找朋友拆借，還是抵押貸款？有了錢以後，最好多問問自己，這錢，花得起嗎？所以，創業的資金來源是一大難題。

除了錢是硬性的指標，當你覺得自己的創業思路不錯時，可以試著和分析自己的「創業志願」一樣，再給自己評估一次 ——

你能列出那些「準客戶」的大體情況嗎？從他們的年齡段、性別比例，到他們的收入、生活水準……你能列出你即將銷售的產品或服務的主要特點嗎？也就是他們為什麼要買你的產品或者服務？

你能確定你在開始的時候，你的產品或服務的覆蓋範圍呢？這決定著你的投入多少和你的客戶數量。

你知道你將要開發的領域裡，有哪些競爭對手嗎？

你能列出哪些競爭對手也正在這些區域銷售？

你知道這些競爭對手他們的競爭力嗎？價格？還是特色？他們的生存狀態？

在保持競爭力的情況下，你覺得你戰勝對手的可行性在哪裡？是什麼吸引你的客戶，產品本身、價格、快速服務、友好性、營業時間，品質還是員工技能？

你能清晰地說出創業的市場和產業的趨勢嗎？這決定你該往哪去，哪些趨勢可資利用。

這個市場的成長潛力還有多大？

你怎麼樣讓客戶知道你的存在？

結合市場情況和你的競爭水準、宣傳措施以及產業趨勢，你能預見第一年的成績嗎？

你的創業計畫需要特殊許可或者某些批文嗎？這將決定你的事業能不能順利「誕生」。

你的創業產品的整體流程，你搞清楚了嗎？

產品銷售的流程你弄清楚了嗎？

在第一年的營運中，有可以預見的困難嗎？

在整個流程中，你的供應商能保證嗎？

開始創業所需要的必要資源和成本能到位嗎？如設備、人員、資金、辦公室和技術等。

創業開始後，每個月的固定支出你算過了嗎？

認真計算過每個月的資金收入和支出了嗎？能不能正常周轉？

如果創業者「反覆又思量」，對自己的回答還算滿意的話，那麼行動吧！也許，創業並不是想像中的那麼困難，再加上你的勇氣決心、聰明智慧，勝利的曙光就在眼前！

找到自己的絆腳石

解決掉創業中不應該存在的疑惑，還要把目光放開，認清楚自己創業的障礙在哪裡？會在什麼時候倒在你以為的「金光大道」上。依舊並不很高的創業成功率，在提醒我們「防患於未然」。

　　會有政策上的障礙嗎？個人獨資企業的相關輔導政策，無疑對於創業者來說是個福音。連「一元註冊公司」都已經實現，創業的機遇似乎一片光明。但別忘了，某些特種產業，對於創業公司的是要求審查的，面對層層的公文審查，你有沒有「軟肋」，這是必須注意到的。否則，早晚會進退兩難。

　　會有資金上的障礙嗎？多數創業者都是有了一筆可以支配的錢以後，才下定決心創業的。這是最基本的，也是很關鍵的，前面也已經說過。但是，再問自己一次，錢夠嗎？計畫總是趕不上變化的，一旦出現意外，解決的辦法是什麼？

　　會有意念上的障礙嗎？這個問題其實是在說，創業者的凌雲壯志、慷慨豪情會不會動搖。這動搖，有困難面前的猶豫，也有外界輿論的「助力」。假如你是個大學畢業生，決定自己創業。你的父母會不會因為你的「不安定」替你提心吊膽？你考上公務員的同學會不會讓你非常羨慕？很多時候，家庭的壓力，社會的壓力，讓創業者不勝重負，經營之外多了很多不必要的煩惱。而生意場中，人們習慣把豪華的辦公室、體面的辦公室作為你實力的象徵，當對方把你的「總經理」名片隨手扔在桌子上時，你會不會想到「徒呼負負」？

　　會有毅力上的障礙嗎？發展靠實力，創業靠毅力。就像前面說到的堅持。大多數的創業失敗，就是因為毅力不足。當然，造成毅力不足的因素是多方面的。創業不是注定旗開得勝的，假如入不敷出，捉襟見肘，面對冷嘲熱諷，沒有理解萬歲，你挺得住嗎？很多創業者素養不高，對風險猜想不足，沒有足夠的市場知識，或者因為浮躁、短視，過分看重短期效益，都曾經出現過「見事不好，掉頭就跑」的「壯舉」。

　　假如已經看到這些障礙忽隱忽現的身影，在這熱火朝天的創業大潮中，創業者必須頭腦清醒，認清形勢，再確定自己是否能做到「一旦決定，追求

到底」，才是一種明智的創業心態。

除了這些外在的障礙會造成影響，在創業過程中，自身也可能存在隱形的「障礙」，而這種障礙多種多樣，涉及文化、環境變化、個人期望、性格、壓力等等，這些因素讓一些對創業同樣有著壯志雄心的人，在每天晚上成為驕傲的巨人，第二天又重新「發現自己活在剃刀邊緣」了，於是，繼續望而卻步。

心理上的「小忐忑」

人和人的想法是不一樣的，有的滿足於生活現狀，不想有所改變；有的怕承擔風險；有的貪圖安逸，怕吃苦受累；有的寧願庸庸碌碌，無事打打小牌，也不願創業。創業往往需要打破現有的生活秩序，承擔一定的風險，要有一定的犧牲精神。而受傳統觀念的影響，更多的人不缺少創業的欲望和衝動，卻又難邁出創業的第一步。

張婉婷離職後，沒有找到滿意的工作，正好，所住社區裡有一間別人打算轉讓的乾洗店。當時由於店家急於脫手，轉讓條件很不錯，而且這家店生意一直很好，也很有市場潛力。然而，由於接手店面需要拿出張婉婷所有的積蓄，她便猶豫不決，擔心自己做不好，投的錢會血本無歸。就這樣，她反反覆覆去跟原店家商量了多次，考慮了多次，最終也沒有決定下來。結果沒過多久，店面就被別人接手了。現在張婉婷十分後悔，因為想要再找到一家價格合適、各方面條件都有優勢的店面很不容易了。

這就是「過這村沒這店」的最好注腳。創業是需要一些風險意識的，但是如果因為怕承擔風險而瞻前顧後，有時，就會錯失良機。張婉婷如果接手別人轉讓的店面，首先在成本上就節省出了很大一部分，而且原店家已經運作了一段時間，已經有了一定的市場基礎，如果能下決心接手，一定會有好的收益的。都說「該出手時就出手」，真的踏上創業路，你有這樣的魄力嗎？

年齡上的「大糾結」

這樣的自我羈絆，常常出現在中年創業者身上，我們前面也討論過，中年創業者有優勢也有劣勢，繁重的家務、子女的撫養等耗費了中年人大部分精力。這個年齡段的人想要創業，可謂是集中了多方面的困難，而且前面所講的「心理志忑」也能在他們身上有所體現。如果懷著這樣的思維去創業，只要一遇到事情，就會影響正確的決斷。

其實，橫看成嶺側成峰，如果將中年人的特長運用到位，還是能對創業有十分重要的幫助。比如，這個年齡段的女性對家務事比較有心得，何不嘗試去開一家家政服務部？成本低廉，而且對於那些需要照顧子女的女性來說，時間又能夠自己掌握，與正常上下班時間幾乎相同，這樣既不影響正常生活，又能滿足對「創業」的要求。世上本來沒有路，只是需要根據自己的狀況去發現、嘗試。

也許障礙並沒有說全面，但創業者在出發之前，確實需要仔細「自我條件體檢」，否則，侷限在自己的「想像」裡，很容易羈絆住成功的腳步。

兵馬未動糧草先行的正確解讀

軍隊打仗，一個重要的常識就是：兵馬未動糧草先行。創業，同樣可以說是一次「壯懷激烈」的出征。要想攻城拔寨，充足的準備是需要反覆強調的。

那麼，對於創業者來說，創業應該具備什麼條件？什麼因素是最主要的？

暢達的關係

和前面說的一樣，在的文化大背景下，創業時，暢達的關係是毫無疑問

應該排第一位的因素。假如有足夠好的社會關係，就是擁有了一種非凡的資源，簡直可以說是「充分必要條件」，足夠你去創業了。不過，這種動不動就「某叔叔介紹我來的」、「王總已經和我們打過招呼」了的公司，或許會做得很厲害，卻永遠不會做大做強。

假如把「關係」廣義化，包括創業者所在產業和跨產業的各種關係網，包括供應商、經銷商、客戶、銀行等等。但要注意，有了關係並不意味有了一切，對關係資源的配置是否合理也會影響創業的結果。反過來說，即使關係資源有限，配置得好了，也能帶來意想不到的收益。

巧妙的創意

現在因為自己的一個「靈感」和「創意」而動創業之心的人太多了！用兵講究出奇制勝，創業也一樣。但是，創業是否切實可行，卻需要實實在在的論證一番。比如幾個大學生，要利用「外包」的模式，做一個平台，只要營運得法，注定是受歡迎的。但是別忘了，這類網站很長時間內不會盈利，而幾個大學生在如今找到風險投資公司的可能性又小之又小，那麼，他們能看到「勝利成功那一天」嗎？沒錯，小本創業，創意先行。但從創意開端，要把終點設置得近一些。

精良的技術

技術是落實想法和創意的，而獨特的技術甚至可以形成產業壁壘，「唯我獨尊」。要知道，創意可以「計上心來」，技術卻需要「十年磨劍」。

啟動的資本

剛剛我們已經說了，「錢不是萬能的」，現在需要說後半句了，「但沒有錢是萬萬不能的」。楊志賣刀、秦瓊賣馬，一文錢逼倒英雄漢，一筆錢整垮了無數看上去本應該欣欣向榮的創業公司。無論你的公司擁有多大規模多少實

力，不能償還即期債務就只能倒閉。

毋庸置疑，創業首先就得有資金，可是通常情況下，公司剛剛起步時，創業者都很難吸引到風險投資家，但沒錢怎麼辦？前面說到了幾種「籌錢」的管道。但是創業者需要明白，借錢的信用問題。

如果向親戚、朋友、同學等籌資，要學會列名單，把可能會借錢給你的人以及可能借給你的額度都一一寫下來，然後再逐個去遊說。

向人借錢必須說明三點：一是用途，二是歸還時間，三是利息報酬。這就要求創業者在借錢之前，就要做好預測，要預測到需要多少錢，能獲多少利，什麼時候可以收回成本。

當然，親戚朋友們能借錢給你的一般都不會要求利息，但別人沒有要求並不能說明你就能隨便。利息，可是利人利己的，這一方面是出於對借錢者的感激與回報，另一方面也是給自己施加壓力，因為有利息，時間的價值才被凸顯出來。當然，別人不願意借錢給你，這很正常，不要氣餒，人家借錢給你，你就一定要感激他，要記住你欠他的不只是錢，還有他對你的信任和支持，有朝一日，一定要知恩圖報。

強大的團隊

歷來有句俗話：一個籬笆三個樁，一個好漢三個幫。一個優良的團隊可能會把一個很普通的項目做得非常出色，而一個糟糕的團隊則肯定會把一個出色的項目做得讓人痛心疾首。因此說，創建團隊是事關創業能否成功的關鍵一環。組建創業團隊，最主要的斟酌因素是必須要互補。互補是多方面的，比如可以從知識結構、才能偏向、產業資源、心理素養等方面來互補。只有互補合理得當，才能發揮各個創業者的優勢，補充彼此的不足，從而形成一個知識、才能、性格、人際關係資源等方面全面具備的一個優良創業團隊。

準確的行銷

醜媳婦終究要見公婆。你的產品也好、服務也罷,早晚會「是驢是馬,拉出去溜溜就知道」。這就是行銷的本事了。或許關係、資本等不是人為原因可以盡力得到,行銷卻是透過自身的盡力,最輕易開花結果的一個因素了。因為,你面對的是你的整個目標客戶群。

幸福的家庭都是相似的,而不幸的家庭各有各的不幸。同樣,成功的創業也有很多相似之處,而失敗的創業卻各有各的原因。

上面的這些因素,都可以說是不可或缺的「糧草」,如果一定要「排一下隊」,恐怕要結合具體的創業專案和創業者自身的實際情況了,也許,用心就會明白。

用算盤理清自己的創業思路

先來講一則故事:有一位世界級的馬拉松冠軍,連續幾次比賽都取得了比較好的成績。當人們詢問他獲勝的祕訣時,他總是微笑不答。一直到他結束了自己的運動生涯,他才在自己的自傳裡講述了自己的訓練過程,而這,就是人們一直想知道的謎底。

他說,訓練是很枯燥的,但是一本書上的話,使他找到了堅持的「智慧」,那段話是這樣的 ── 「我們並不是沒有目標,但由於路程遙遠,我們總享受不到成功的喜悅,往往在中途就疲憊地放棄了。我們應該把一個大目標分解成一個個小目標,逐步實現它。」從那以後,在每次比賽之前,他都要乘車把比賽線路沿途看一遍,把沿途醒目的標誌物記下來。接下來,他會把比賽全程細化為一個個具體的目標,比方第一個是加油站,第二個是一家超市,而第三個是一座漂亮的別墅……等比賽開始,他就一個目標接一個目

標地去完成，直到輕快愉悅地跑完全程……

這就是將目標階段化的智慧。

創業其實何嘗不是一場比賽，需要一步一個腳印地走下去。在這樣一個大的規劃中，容不得不切實際的空想，而需要腳踏實地的堅持。就和馬拉松一樣，如果沒有一個個的小目標，很可能我們向前走了很久，仍會覺得目標還是那麼遙遠，自己的腳步會漸漸地慢下來。

但是當你把創業成功的大目標分解成一項一項按部就班實現的小目標，每天都有自己的成就感，就同樣能夠有條不紊地實現成功。

所以，在創業思路上，一定要按照創業的基本程式進行規劃。

創業的基本程式可劃分為 5 個步驟，它們分別是：選定準確的創業專案、擬定可行的創業計畫、籌集足夠的創業資金、辦理創業的有關法律手續及創業計畫的有效執行。

選定創業項目

這個其實在前面已經強調過了，準確的創業專案是創業成功的前提和基礎。創業項目的選擇，不僅要對自身的興趣、特長、實力進行全面客觀的分析，而且要善於發現市場機會、把握未來發展趨勢。也只有這樣，你的所有努力才是有的放矢，而不是盲人瞎馬。

擬定創業計畫

凡事講求「謀定而動」。選定創業項目告訴創業者「我要做什麼」，而創業計畫則是在規劃創業者去「怎麼做」，是創業者的前進的「路線圖」。好的計畫是創業成功的一半，切實可行的創業計畫，可以有效地減少失誤，提高創業成功率。

籌集創業資金

巧婦難為無米之炊。再好的計畫也需要資金支援，不要有不切實際的「空手套白狼」的企圖。創業必須有一定的資金，否則，一切都將成為空想。而通常情況下，創業者最缺的也是資金，這個可以說是創業的必要條件，在想盡辦法的同時，也要想到一些俗語，比如「有備無患」、「窮家富路」，而不要遭遇捉襟見肘、力不從心。

辦理創業的有關法律手續

名正則言順。投資創業必須按照有關法律法規要求，辦理有關手續方能開業。其項目主要是辦理工商登記註冊手續、辦理稅務登記手續、辦理銀行開戶手續等。有了這些，才會避免那些不必要的問題，創業不是擺攤，相信創業者誰也不願意被查封、取締，或者讓警察追著跑吧。

創業計畫的執行

前面的準備工作似乎萬事俱備，只欠東風，這「東風」就是對計畫的有效執行，只有把計畫裡的設想變成現實，才是真正的創業者，不然就成了編劇了。完成了前 4 個步驟的工作後，要按照擬定的創業計畫要求，組織調配人、財、物等各種資源，實施創業計畫並加強管理。如果說前 4 個步驟是創業活動的準備階段，那麼這一步驟就是創業活動的實施階段。創業實施階段的工作既是創業活動的重點，也是創業活動的難點。這一階段的工作不僅要求創業者要有吃苦耐勞、不屈不撓的精神，更要求創業者講究工作方法、運用經營管理策略，方能實現創業目標。

按照這樣的目標規劃走下去，也不是一勞永逸的，計畫永遠趕不上變化，創業者需要不斷地自我提升，以適應市場，才能越來越接近成功。

「不欠錢」所占的百分比

我們已經一遍又一遍地強調資金的重要，資金的確重要，但是，它是最重要的嗎？

現實中我們不難發現，儘管一些人並不喜歡為人工作，有著很強烈的創業欲望，但是他們也往往會說出這樣一個原因，那就是資金不夠。也就是說，資金直接決定了他們是停在受僱者的人潮中，還是奔入創業者的大軍裡。然而「認為自己缺少資金無法創業，那只是不敢創業的藉口。」

「創業並不需要太多的錢，關鍵是你有沒有破釜沉舟、置之死地而後生的勇氣。如果錢多了，創業也就無所謂創業了。」

創業最重要的是什麼？從創業前，到創業開始，乃至創業的過程中……創業需要具備的條件是：足夠的資本？產業經驗？客戶資源？技術創新？商業運作能力？與即將面對的競爭對手相比是否有明顯的優勢？

對於小資創業來說，從創業籌備開始，到企業成功創辦，並賺到「第一桶金」的過程中，執行力比資金更重要。馬雲甚至說過：「很多人失敗的原因不是錢太少，而是錢太多。」

學過辯證法的人都知道，如果能力是內因，資金是外因，那麼，在事物發展的過程中起主導作用的是內因，外因只是起輔助作用。判斷初始創業能力和資金誰更重要，其標準就在於看誰更有利於取得創業的成功。要知道，並不是所有找到資金的創業者都成功了。在創業過程中，創業者的能力和素養始終是排在第一位的。外在條件的優劣固然很重要，但最終決定創業成敗的還是創業者個人的能力。

另外，從創業能力與資金的關係上來看，能力包括心理承受能力、創新學習能力、籌措資金能力、行銷管理能力、生產組織能力、規避風險能

力……換句話說，有了能力可以找到資金，而資金卻買不來能力。

創業伊始，資金對任何小資創業者來說，都是個難題。但就是那些只關注大企業的風險投資家，進行投資考察時，首先也要注重考察創業者的能力、專案，而不是你所擁有的資金。

看看那些創業成功的大亨，創業之初其實也大多是資金不足，但是他們無一不是憑藉自己的能力，從零開始，創造出了一個又一個商業奇蹟和巨大的社會價值。從胡雪巖到盛宣懷，從麥克‧戴爾到比爾‧蓋茲，從李嘉誠到馬雲，初始創業誰不是白手起家，憑藉自己的能力最終獲得成功。能力在創業的各個階段發揮著極其重要的作用，所謂「千軍易得、一將難求」，大至國家小至企業的競爭，更多的是人才的競爭、能力的競爭，而不是資金的競爭。

沒有「小」，就沒有「大」。以小見大，生意亦然。沉得住氣，一點一點地積累資金和經驗，肯定有發跡機會。

縱觀「世界 500 強」的發家史，無一不是從小本生意做起的。下足心機掘到第一桶金，才有第二桶金、第三桶金。所以，不要過多強調資金因素的影響力，創業條件中資金雖然很重要，但最最重要的是創業者個人的經營能力，特別是業務能力。如果資金是根本因素，有了資金就可以確保賺錢嗎？

經營賺錢的能力是最重要的，只要有非常出色的經營能力，「不欠錢」只是錦上添花罷了。

對於有志創業的人而言，不斷打造好自己的經營能力是至關重要的。從學做業務開始，是一個好辦法。能力有了，創業機會自然會很多，特別是今天，進入靠能力賺錢的時代，經營能力更是重中之重。

這就是遠遠高於「不欠錢」的執行力！

如果一個企業既有項目，又不缺少資金，但是卻沒有很好的落實思路，沒有很好地執行到底，沒有踏踏實實地去幹，那麼依然離成功非常遙遠。

　　一個創業有心人，可以從小做起，可以從最基礎的業務，實實在在地做起。這比整天在尋找、思考要來的更實際。

　　同時，還要有強大的執行力。也就是說，當有了一個想法並經過論證後，就要堅決完成。碰到事情很多的時候堅持一件件地完成，養成做細每一個事情的習慣，養成不拖拉的工作習慣。

　　作為創業者，必須相信：只要努力去做好每一個事情，即使再多的事情也可以處理好，再困難的局面也可以擺脫，再大的希望也可以去構想。

給自己的公司一個「清楚的身分」

　　在一個創業節目中，一位年輕人侃侃而談。當主持人問他，他的公司定位是什麼？他的回答很讓人吃驚，他說：「我們網站是以 ×× 為核心，以 ×× 為基礎，以 ×× 為突破……的網路社區」。評審立刻指出，一個創業公司的定位對一個公司的發展是否能成功，從一開始就已經定了基調。而他的公司的定位看起來實在有點複雜，而且不夠明確。

　　如果一個新創公司，不能用一句十分簡單的話能表達他的定位，那一定是十分危險的事情。創業之初，缺少資金、缺少資源、缺少人才，如果你不能圍繞你所關注的使用者的核心需求做出使用者喜歡的產品，那麼一定在早期就夭折了。很多創業公司一開始就做很多的產品，但是當你回過頭來看這些產品是否符合你當初的定位的時候，或許你都無法回答你的定位到底是什麼？

　　只要留心去看一下那些做的不錯的創業公司，我們不難發現，它們一般都是定位十分明確，產品緊緊圍繞定位設計，滿足了使用者的特定需求，並取得了爆發性的成長；而那些在創業道路上舉步維艱的新創公司，沒有清晰的定位，產品線很長很多，沒有一個產品能真正滿足使用者的需求。

所以說，如果你決定創業，那麼首先你應想清楚你的創業企業的定位是什麼？一定要用一句話說明「為誰解決什麼問題」，這就是定位，然後再問問「使用者是不是真的有這個需求」，「能不能滿足他的需求」，最後才是「能不能透過解決這些使用者的需求獲得足夠的收入」。

一般來說，創業企業確立自己的定位是有步驟的——

客戶是誰？客戶的需求是什麼？客戶喜歡用什麼方式來滿足自己的需求？

向客戶提供什麼來滿足他的需求？能達到什麼樣的效果？我的能力能實現這樣的設想嗎？需要什麼條件？我會和誰合作？

滿足客戶的這種需求，我是開創者，還是其中的一員？我能不能做到最好？

在滿足客戶需求的同時，我的利潤從什麼地方來？

我要在什麼樣的範圍裡滿足客戶需求？本地？還是整個領域？我的對手是誰？

我們借助於一個載體，可以簡化為更形象的表述方式——

我的客戶是上班族，他們餓了要吃飯，大多數喜歡吃饅頭。

我就蒸饅頭，我已經有蒸籠和麵粉，還請了麵點師。

做正宗黑糖饅頭的還沒有，而且我的饅頭是不用發酵粉的。

我的饅頭產量可以滿足附近三個社區的需求，另外一家饅頭店的衛生不好。

那麼，定位也就出來了：我們是一家美味衛生的饅頭店。

可以看出，創業者進行市場定位的關鍵，是設法在自己的產品上找出比競爭者更具有競爭優勢的特點和功能。

競爭優勢一般除了價格，還有顧客偏好，也就是提供確定的特色來滿足

客戶的特定偏好。這就要求創業者採取一切努力在產品特色上下工夫 —— 黑糖饅頭。

創業產品定位的全過程，可以透過以下步驟來完成：

分析目標市場的現狀，確認自己潛在的競爭優勢

競爭對手產品定位如何？目標市場上客戶滿意度如何？客戶還需要什麼？我應該並且能夠做什麼？當然，這些不是憑空而來，需要創業者透過調查、分析而得出答案。透過回答上述三個問題，創業者就可以從中把握和確定自己的潛在競爭優勢在哪裡。

準確選擇競爭優勢，對目標市場初步定位

競爭優勢是創業者能夠勝過競爭對手的能力。這種能力既可以是現有的，也可以是潛在的。選擇競爭優勢實際上就是創業者與競爭者各方面實力相比較的過程。只有這樣，才能準確地選擇相對競爭優勢，借此選出最適合創業的優勢項目，初步確定自己未來在目標市場上所處的位置。

顯示獨特的競爭優勢和重新定位

找準定位，創業者要透過一系列的宣傳促銷活動，將自己的競爭優勢準確傳播給潛在客戶，並在客戶心目中留下深刻印象，使目標客戶了解、知道、熟悉、認同、喜歡和偏愛自己的市場定位。同時，要注意目標客戶對定位理解出現的偏差，或宣傳上的失誤而造成混亂和誤會，及時糾正。甚至，在必要時，要考慮重新定位。

創業者找準了自己的創業定位，自己的企業、公司，也就有了一個明確的身分，這樣，你所設定的目標客戶群，才會「配合」你的創業思路，讓你在創業路上一路順風。

很難想像，一個不知道自己想站在哪裡的創業者，會是什麼樣的「下

場」，如果你不知道去哪裡，那麼所有的路都是反向的。

打造出自己的「人脈銀行」

老話說：在家靠父母，出外靠朋友。對於一個創業者來說，「人脈」的重要性是不言而喻的。創辦一個企業、一家公司，需要和各方面的人打交道，多個朋友多條道，朋友多了路好走。

作為一個創業者，都需要認識什麼人呢？有人風趣地將他們總結了出來——

能夠幫你買到票的人

你最重要的客戶打來電話，希望你幫他找到幾張張學友演唱會的門票。怎麼辦，演出快開始了，票務公司都說沒有票了。如果你有一個這樣的朋友，事情一下子就簡單多了。因為，從來就沒有所謂的「全部賣光」這種事，有錢能使鬼推磨，但你必須知道要找誰。然後呢，客戶當然會滿意你的能力。

旅行社

對於同乘一架飛機出門的旅客而言，一百名旅客就有一百種不同的機票價格。8,000 元的票價，你可能 6,000 元買到，別人可能 5,000 元買到。為什麼呢？因為他認識一位旅行社的朋友，而這個朋友又是最有辦法的那種。長期為事業奔波的你，怎麼能不去擁有這樣一個朋友呢？

職業介紹所和獵頭公司

你創業了，不需要找工作，沒錯。但口渴之前先掘井永遠是正確的。難道在用人之際，你非得發廣告在報紙上嗎？職業介紹所和獵頭公司將是你不

錯的選擇。

銀行

你一定已經發現，銀行在你的生活中發揮了越來越重要的作用。你的投資理財都需要銀行這個現代商業社會最重要的角色。有了銀行這個人脈，當你的資金運作出現問題時，你知道該打電話給誰。

公務人員和員警

生活中有很多事，可以提供我們和公務人員及員警打交道的機會。比如填平路上的坑洞、運走垃圾、修理人行道、修剪樹木、減低稅負、改變城市劃分、子女就學、規範社區商業行為、監管空氣、水以及噪音品質、你新買的車子被偷了、你的門被小偷不請而入等，你都需要當地公務人員、員警。

名人

名人效應，是個所有人都理解的詞。很多名人其實比你想像的要容易接近，也能給你的事業想像不到的幫助。

保險、金融、理財專家

創業風險一說再說，你希望有一天因為沒有買對保單，而無法得到應得的補償嗎？

律師

生意場上，如果你的人脈關係中有知名律師，你的麻煩事會少很多。

維修人員

一位優秀又誠實的維修人員是很重要的。你的汽車壞了，你家的下水道被堵了，你家的鎖打不開了……事情緊急，你知道誰可以在最短的時間內以

最快的速度、最低的費用幫你處理。因為笨拙而且不誠實的修理工將使你損失慘重。

媒體人

有新產品上市，你的媒體朋友或許就可以幫助你；你有麻煩，他們也能幫你做危機公關，他們有這個能力。

上面所說的十種人，或許帶了些調侃的味道，但又是無比現實的。創業者的人脈重要，但很多創業者又習慣忽略人際關係的培養，沒有投入足夠的心力與時間在上面，或者努力用錯了地方。

那麼，究竟如何才能建立好人脈？

首先，你得知道自己為什麼請教別人 —— 為了學習專業知識、帶進新的生意、增加同盟夥伴，還是蒐集更多資訊？當個人的動機清楚時，才能把建立人脈做得更好。在一項調查裡顯示，當一個人在建立人脈時，最常犯的錯誤是，表現出只對賣東西給對方有興趣。

別把自己的目的寫在臉上 —— 真正懂得建立人脈的人，不會讓別人覺得他們是在建立人脈，而是一個本身很有趣，對別人的事情也很感興趣的人。人脈建立的目標是創造長期、雙方都能受益的關係，平時不燒香急來抱佛腳，只在需要對方時才會打電話，這種關係注定先天不足。平時便應該把建立人脈當作工作的一部分，花心思在保持現有關係，以及建立新關係上。在培養現有關係方面，例如，偶爾與對方吃頓午飯，談談雙方最近的情況；看到對方可能感興趣的訊息時，轉發一條給他；知道對方獲得升遷或得獎時，記得恭喜他；邀請對方參加適合的活動；當對方提出要求時，儘量提供幫助，過一段時間後，主動與對方聯絡，了解提供的幫助是否有效，以及他是否需要其他的幫忙。另外，當對方介紹別人向你求助時，也不要忽略了他們……凡此種種都屬於一些人際交往的基本常識，幾乎所有人際交往的書裡都有介

紹，獲得這些知識並不困難。

在新關係的建立方面，可以透過加入專業組織或參與研討會，來增加認識業界人士的機會，甚至可以主動爭取在這些組織中擔任某些職務，將會對擴展你的人脈層面造成重大的作用。

對新鮮的話題不能「out」——借助於一些新鮮資訊創造有趣的談話內容，並且讓別人覺得自己了解狀況。

給自己的人脈分類——建立自己的通訊錄，記下對方的名字、位址、喜歡的聯絡方式、職稱、職責、祕書或助理的名字，以及他的個人興趣等。如此一來，當你需要幫忙時，比較容易找出合適的人選。

介紹自己的時候別太簡潔——有機會向別人介紹自己時，不要只告訴對方名字，要給予他更多的資訊，否則你們就只剩下握手、點頭了。不過，也別不分場合地說些太正式的話題，破壞了輕鬆氣氛。

在問問題時找尋契合點——當人們有機會談話、被傾聽時，他們的參與度會較高。抓住機會好好問問題，一方面與對方建立關係，一方面從談話中尋找雙方共同的興趣。

學會抓住機會——向對方提出重要問題之前，先理清自己的主要目標，以及對方能夠如何來幫忙等等。別讓別人力不從心，徒增尷尬。而且在提出這些問題的時候，也要充分考慮雙方關係是否已經成熟。

千萬別事了拂衣去——答應對方的事一定要做到，但是，如果在向對方提出要求後，他卻無法幫忙，要尊重他的決定，而且無論如何都表示感謝。

人脈就是關係，就是網，就是創業者成功的一個必要條件，打造自己的人脈銀行，關鍵的時候，能兌換出意外的價值。

豎起耳朵再走自己的路

小李是個機靈人，人長得帥，又能說會道。但是，脾氣倔、死腦筋，自己決定的事情不管錯對都要堅持做到底。他說，這叫執著。

兩年前，小李專科畢業，找不到合適工作，便到一家餐廳裡工作。兩年裡，小李憑藉著自己的熱情，從打雜開始做起，服務員、迎賓、領班，終於得到老闆器重，當上了經理。幫別人工作還不如自己開餐廳當老闆，小李萌生了這個想法，便辭職回老家開了一家小飯館。當時，親戚朋友們都給小李出主意：這個地段不適合做餐廳，趁早收了吧，另找地方重開張或者轉行做點別的。然而，小李聽不進去：只要餐廳管得好，服務好，地段差點算什麼，我就不信賺不了錢。餐廳很快開張了、靠著工作時積累的經驗，小李照搬了自己學來的一套管理模式，規章制度設計的頭頭是道，準備大幹一場。

不過僅憑自身先進的管理不行，由於餐廳周邊的環境不好，競爭也比較激烈，開業後整整一年，小李的餐廳營業狀況並不理想，不但投資沒有收回，還背了六十多萬的欠債，員工的薪資發起來都吃力。最終關門大吉。

回憶自己這段失敗的創業經歷，小李說，當初可能太自負了，聽不進去別人的意見，僅憑著自己的想法恣意妄為，沒有考慮客觀環境，失敗在所難免。

痛定思痛，小李這才懂得，創業可不能自以為是，一定要客觀分析一切因素，認清自己的優勢劣勢，並且虛心聽取別人的好意見。

創業者總是會受到大家的關注，也會有熱心人主動「出謀劃策」，那麼當別人給你提出有關創業的建議和意見時，一定要想起「兼聽則明」這個詞語。

每個人說話的方式方法不同，他所傳達的建議和意見，對我們造成的感受也會不一樣。有的可能過於直接，有的可能循循善誘，有的可能乾脆就是

良藥苦口。

　　循循善誘當然最受歡迎，可我們憑什麼要求別人連提意見還得「潤物細無聲」呢？過於直接的意見有時候大多來自對對方禮貌的挑剔，比如自己的手下，直接給你當老闆的提意見，你可能就覺得下不了台，於是就充耳不聞了。可是這樣也許就失去了一次財富機會。而良藥苦口，更是叫人排斥，你憑什麼批評我，你有什麼資格？一下子反抗心理上來，說什麼意見不重要，不聽你的是肯定的！

　　這恰恰是創業者的大忌。

　　要知道，既然別人能給你提出建議和意見，那就有他的想法，或者道理，即使對方提出來的不對，你也需要認真聽一下，否則以後誰還給你出主意？你能保證自己「永遠正確」？別人不能給你建議，也就意味著你多碰釘子，多走複雜的路！後悔的是自己。

　　其實，出來創業，最初所需做的幾件事之一，就是找出自己在哪些方面最需要指導和說明。世上沒有萬能的人。在公司起步階段，創業者很可能在各方面都會有許多不懂的問題。這並不奇怪，也不應該成為前進的絆腳石。除了自我鑽研外，找有經驗的人請教，能有事半功倍的效果。

　　創業者可以先從認識的人入手，比如親戚朋友、同事同行、上級主管以及過去的老師同學等，然後可以努力去結識不認識的專業人士，如律師、會計師、企業家等。可以打電話聯繫，也可以登門拜訪，還可以積極參加商品展銷會、貿易洽談會、學術研討會等。

　　在尋求指導者方面，選擇和自己背景相同與否的人都各有利弊。經歷類似的人很容易理解你的顧慮，並能設身處地為你著想；背景不同的人往往能從不同的角度考慮問題，可以讓你學到許多新的知識。

　　另外，不管是否認識，是否熟悉，對於尋求指導的物件除了知識淵博經

驗豐富以外，一定要找樂於助人、誠實可靠的人尋求指導。這個人要能坦誠地傳授知識和經驗，提供意見和建議。同時，在向對方尋求幫助之前，最好能制定出一份考慮成熟的創業計畫。正如你希望找經驗豐富的人作指導，別人也希望自己的時間和精力沒有白費。

在自己打算請教的人面前，不要不好意思講自己的創業想法，而應該有什麼說什麼。這樣能有不少的好處：

首先，在講述的過程中，為了使對方覺得自己的想法具有可行性，你會不自覺地彌補其中的漏洞和空缺。這樣，每講一次其實都是對計畫再補充再完善的過程；想法被說得越多，聽起來就越完善，自己也越有自信心。

其次，在介紹自己的商業想法時，別人很可能會提出一些疑問或是說出一些看法，這樣等於在幫你從不同的角度考慮修整創業計畫。

最重要的是，談論自己的創業想法可以幫助你蒐集到許多相關的資訊，並挖掘出不少有幫助的社會關係。千萬不要把想法計畫憋在肚子裡，大膽地講出來，說得越多得到的幫助可能就越多。

公司的「內外兼修」教程

確定了思路，吸取了意見，創業，還需要一個平台，就是公司或店鋪。對於「風浪險惡」的商海，一個新的公司投身其中，沒有一定的實力是難以存活的。創業者必須學會，無論自身還是公司都要做到「內外兼修」。

所謂內外，就是內部的實力和外部的準備。具體的內容在前面已經做了介紹。包括在心理、知識、能力等方面做好創業的個人的全面準備，在社會、經濟、資本、市場、管理、業務等方面做好充分的調查研究和創業方案。

說到底，就是不打無準備之戰。具體點說，就是要創業者根據自己所具

備的專業知識、操作技術、經驗、能力、資本、投資風險承受力、心理承受力等等，根據今後經濟發展、市場變化趨勢等，決定創業與否，決定投資的資金、方式，決定創業的產業、專案、形式、產品和規模。然後，義無反顧地去努力。

基於外部市場的可行性研究，不但自己要做調查和研究，能力允許的話最好透過專門的機構獲取相關的資料和建議。

同時，要有完備的創業計畫，而不是隨意地亂投資，創業而不是「闖業」。

最大可能地取得社會各界包括家庭的支持，尤其要重視並好好利用政府的各項政策支持。

創業有風險、有成敗，要做好創業失敗的準備，包括心理、資金、個人乃至家庭生活安排的準備，盡可能免去後顧之憂，尤其是舉全家庭之財力創業時更應如此。要知道，一個意外的變化，都可能導致損失。

公司的「內外兼修」，內功是創新、技術、安全、服務、策略、內部激勵和約束、內部文化建設等等；外功是品牌、宣傳、策劃、外聯、公關、行銷推廣等等。

「內外兼修」不一定從一開始就在每個項目上都達到「武林高手」的境界，但是均衡發展，同時在內和外的兩個方面分別具備一些「絕活」，非常的重要。

比如，一身「外功」的公司，如果缺少強大的內部後盾，透過宣傳推廣吸引很多潛在客戶紛紛湧來，卻不能夠真正達到「承諾」，也就留不住回頭客、成就不了好口碑，在宣傳方面還留下言過其實的壞印象，這樣的宣傳當然失敗。所以說，「外功」應該是以「內功」為基礎，「內功」在先，「外功」在後。

再比如，「內功」深厚的一些網站，在創業的途中因為缺乏「外功」的修煉意識，篤信埋頭做事情固然是很正確的路線，但是無視系統的外部宣傳、策劃等方面的重大作用，等於自動放棄本應有的一種超常規發展的權利，放棄一種加速事業進度的槓桿，放棄本應該更加快而穩的速度，無異於自斷一臂。

「外功」和「內功」都需要發展，但必須防止各成一套體系、老死不相往來的弊病，二者必須在融合、協調中發展。

當然，對於創業者來說，其第一步還是需要練好「內功」，但是一開始就得適當地增加些外功方面的修煉，當然不宜過度、過熱、過雜；當「內功」能夠達到自我滿意的程度後，則可以開始加大「外功」力度，把深藏於巷子的「酒香」搬到大眾面前。

同時，我們也必須認識到，「外功」和「內功」的本質是核心競爭力的兩個方面，練好「外功」和「內功」本身就是一種學習，而且對任何創業者來說都應永無止境。

很多公司在發展一段時期後陷入停滯，很大一個原因是在前期的發展上逐步形成非常強大而頑固的「外功」「內功」體系，他們也鍛鍊出一定的學習力，但是面對越來越多的變化，對既有的「外功」「內功」體系的眷戀、自滿，因為對於越來越大的學習任務的排斥，因為對於已經形成的商業優勢的濫用，因為習慣成為自然的某種優越心理以及隨之產生的自信膨脹，因為不知不覺中陷入了某種故步自封心態，最終難以跟上時代和競爭的步伐，最終一個個敗下陣來。

從創業者的角度來看，無論是「外功」還是「內功」，其體系很重要的，而學習和修煉「外功」「內功」的基本能力則更加重要。

另外，根據市場的實際情況和公司的發展實際，創業者需要在不同時刻

各有側重，比如在新創期，行動比思考更重要，如果「外功」「內功」的體系遲遲不能夠形成，僅僅說「我在學習怎麼樣修煉自己的『外功』和『內功』」，那是不能夠成為一個讓人信服的理由的。

換句話講，要麼不創業，一旦創業就必須在前期以行動為第一準則，加緊打造自身的核心競爭力。這也是一種修煉的「實戰演習」了。

創業方式的多項選擇

作為小資創業，其實可以有很多「存在形式」。創業者應該根據自身的實際情況，在具體的產業、模式上做出抉擇，而避免簡單地「抄襲別人」，要知道，適合的才是最好的。

拋開一些技術含量高的創業項目，下面推薦幾種低成本創業的最簡單模式，由於風險小、投入少而適合普通的創業者。但需要強調的是，任何創業行為都會存在一定風險，穩賺不賠的事是沒有的。在創業前，進行系統分析以及針對性的知識補充、能力培訓等，對任何形式的創業都是必需的，將大大提高創業的成功機率。

一邊工作一邊創業

作為「牛刀小試」，這樣的方式一般是利用自己的專業經驗和自身的資源，利用業餘時間進行創業嘗試和增加收入，優點是比較穩妥，進可攻、退可守，沒有任何風險，但一定要平衡好本職工作與創業的關係。

可能有人認為這樣的做法欠妥，有對公司不忠的嫌疑，實際上，只要掌握一個適當的「度」，還是切實可行的，利用閒暇時間去開拓自己的事業並且增加收入也無可厚非。

至於「度」，首先就是要分清主次，工作除了養家餬口，也是個人能力

和資歷的增長,因此重心是完成好本職工作,推進個人能力和職業發展的進程。當然,客戶不要是你打工企業的競爭對手;不要占用任何上班時間,不能洩露任何公司的商業祕密。保持自己的職業操守和信用對將來個人發展有不可估量的作用。

依靠商品市場創業

這是比較典型的小本創業形式,專業的商品市場都會為租戶代辦營利事業登記證,只需一次性投入半年或一年租金,以及店內貨品的進貨費,所有投入可以控制在 30 ~ 50 萬元以內。依靠人氣旺盛的商品市場,風險也比較小,就是很多人創業的起步。

對於市場的選擇,一定要找人氣旺盛的市場,可能比起經營較差的市場租金要高,可是客流量是該商品市場內你的小店存活的最基本條件。同樣的市場也有生意好和差的區別,因此需要你對自己經營的產品比較熟悉,這仍舊是基於成熟的市場調查,和自身的「內外兼修」。

進駐大商場

相對於商品市場,進駐大商場的方式有點類似代理銷售,環境得有一定的水準,面對的將是更高層次的消費群體。對創業者來說,要求必須做到獨具慧眼,特色經營。因為租金提高,風險比較大一點,但是回報也是非常可觀的。

賣場對產品的要求規格高,一定要有產品的相關證明、許可才能進場。在選擇產品時,也需要做好行情研究,降低風險係數。

加盟連鎖店

目前,有不少小的手搖飲店、便利商店等加盟費用都不高,如果能選準店鋪和產品還是能賺錢。不過,加盟連鎖一定要看準,並且早點介入成功的

可能性更大一些。

　　加盟應該選擇產業門檻低，但回報高的產業，一旦競爭產品增多，營業額下降時，應立即轉向。整個投資不宜過大，找利潤高、投入少的小產品加盟，沒有經驗的人切忌加盟大的連鎖項目，沒有一定的經營經驗注定失敗，千萬別太相信加盟企業的「無經驗一樣經營」、「全程行銷輔導」等謊言。

工作室創業

　　這樣的形式，要求創業者個人要有比較好的專業技能，並且剛開始必須透過各種關係，主動開展業務。

　　對於投資相對較多的小資創業，下面的幾種形式也可以作為參考。

服務類

　　很多創業者都會選擇創辦一家服務型企業，因為這是發揮他們多年的專業知識或技能以創造收入的最容易的方式。簡單來說，服務業就是提供服務以獲取報酬的企業，報酬的獲取通常以小時或依據合約條款來加以計算。服務企業包括諮詢、會計、記帳、網頁設計、貿易、教育、旅遊等。客戶對你的專業知識或技能支付報酬。

零售

　　小零售店的市場環境表面上看好像不太樂觀。它面臨的競爭空前激烈，許多小零售店幾乎無法維持起碼的生存。零售店不僅存在互相間的競爭，它們還得和大型連鎖店、製造商、直銷商、網路和網購銷售競爭。然而，如果你能清晰地找準市場，你成功的機率將大大增加。從現在的發展趨勢來看，人們傾向於選擇服務或沒有什麼壓力的購物方式，不喜歡超級市場那樣的龐然大物。

特許經營

如果所投資的特許經銷公司是比較新的,那麼這其中所蘊藏的風險和你自己開公司一樣大,這就相當於購買一家順應流行趨勢的公司。你的市場調查將顯示這樣的趨勢是短期的還是長期的。在做決定之前,千萬要向你的會計師或財務顧問進行諮詢。

製造

顧名思義,製造就是加工製成某種東西。具體來講,即由原材料製成的任何東西,從蠟燭、麵包、玩具到汽車、手機、飛機等。作為一名製造商,你得對終端產品及其在市場上的安全負責,因此,你應當成為這一產業的專家。在你的市場調查過程中,要盡可能多地了解生產類似產品的公司及市場。

銷售

銷售通常營利空間很小,企業的營利要依賴銷量的支撐。銷售商扮演的是製造商和零售店或顧客仲介的角色。熟練掌握你所銷售產品的有關知識,多數製造商會對其銷售商提供支援或培訓。銷售的品種和規模將決定你所經營的銷售公司的類型和規模,大宗物件可能需要倉庫、貨架、裝配工具、叉式升降機、搬運所需的特殊的設備、高效率的運輸及接受系統,以及能幹可靠的團隊。

直銷和網路行銷

創辦一家直銷或網路公司 —— 起初或許你還只是在工作之餘小試身手 —— 也是「下海」的方式之一,這類公司的特點是不穩定性。大約 0.6% 的初次創業者能把此類公司發展到高水準狀態並擁有可觀的收入。據一家知

名的直銷公司猜想，該公司員工中，30% 的人自己開公司；40% 的人以此作為兼職，他們只是玩票性質；還有 30% 的人是全力以赴，為公司打拚。

第三篇
源源不絕的市場商機

富人是相信了才富有,而窮人是別人有了才相信!

有人說:機會像小偷,來時無聲無息,走後我們卻損失慘重。如果要免於損失,只有抓住機會。如何掌握機會、抓住機會,對每一個人來說都是一件嚴肅而重要的人生課題。

培養你識別機會的思考能力

當創業者明確了想做什麼和能做什麼以後，還遠遠不夠，接下來還有更重要的，就是要研究市場。市場需求是客觀的，你能夠做到的是主觀的，主觀只有和客觀一致，才能變成現實，才能有效益。因此，要盡你所能，研究市場，捕捉資訊，把握商機。機會從來都是垂青有心人的，做一個有心人，就會發現處處有市場，遍地是黃金，你就會發現你擁有的各類資產的最佳用處。

可以從以下幾方面進行市場研究：

看看那些賺到錢的人在幹什麼

如果你準備創業，可是既缺乏本錢，又沒有什麼經商的經驗，這時候你不妨研究一下別人都在做什麼，先隨大流，也不失為一種切實可行的選擇。看看市面上什麼東西最暢銷，什麼生意最好做，然後你就迅速加入到這個產業中去。當然，別人做賺錢，你去做的話卻未必也能賺到錢，關鍵是掌握入門的要領。為此，不妨先向做得好的人虛心學習，學習他們經營的長處，摸清一些做生意的門道，積累必要的經驗與資金。學習這個產業的知識和技能，體會他們經營的不足之處，在你自己做的時候力爭加以改進。比如，有人失業了在開餐廳前先到別人開的餐廳去打工，雖然苦點累點，一兩個月下來便掌握了開餐廳的基本要領；有的人在開美容院前先去別人開的美容院打工學手藝，為自己開業積累知識和經驗。到此，你可以拿出筆和紙，把你所觀察和了解到的目前大家都在做的項目一一羅列出來，然後分析一下這些項目對你來說的可行性，這將會是你的一份賺錢目錄。

看看自己經常和必須買什麼

要想知道大眾的需求，最簡便的方法就是從自己的家庭需要開始。首先研究你家裡每天什麼東西消費得最多，在你居住的社區購買方便嗎？其次研究你家裡經常需要哪些服務，如家用設施維修、孩子上學路遠，中午吃飯問題、子女學習輔導、理髮、洗澡、量體裁衣等等，這些問題在你居住的社區方便嗎？再者，就是研究一下周圍的居民社區及新建社區這些大眾需求的各方面。

然後，把上述需求開列一張表，把你所想到的普通老百姓過日子的一些基本要求和生活難題一一列出，越詳細越好。怎樣來滿足大家的這種需求，怎樣解決這些難題，就是你賺錢的著眼點，於是你又得到一份賺錢目錄。

看看報紙、網路、電視上最近在說什麼

我們所處的社會日新月異，社會上的焦點層出不窮，只要你留心觀察，在你的周圍都有大大小小的焦點和公眾的話題。股票熱、房地產熱以及奧運熱等等焦點不斷，你所生活的城市和社區也會有局部的焦點，如舉辦什麼芒果節、啤酒節、牛肉節、產品促銷會、申辦運動會等焦點及公眾話題。對政治家來講，焦點是政績和社會繁榮的象徵；對普通大眾來說，焦點是景象，是熱鬧，是茶餘飯後的話題；而對精明的商人來說，焦點就是商機，就是賺錢的項目和題材。抓住焦點，掌握題材，獨具匠心就能賺錢。同時，還應注意潛在焦點的預測和發現，在焦點還在醞釀階段時，你就有所發現，並作好準備，這樣就會發現別人發現不了的商機。

看看周圍的人在談論什麼

1970 年代初期，外出辦事、經商的人普遍感到住宿難、交通難、吃飯難，如今這三難已基本解決，解決這三難的過程，同時也是商家賺錢的過

程。如今，各個層次的餐廳滿街都是，解決了吃飯難的問題；各類代步工具到處跑，高速公路，高鐵相繼投入營運解決了行路難的問題；各類高中低檔飯店、賓館、汽車旅館如雨後春筍般湧現，解決了住宿難的問題。

　　我們這裡談到的具體項目不多，甚至有些項目不容易操作。但是無論如何，只要你稍加留心，你就會發現你身邊，你生活的城市或社區有很多這樣那樣小的項目，看看你能做哪些「文章」，這又是你的一份賺錢目錄。

看看「別處」是什麼情況

　　地區不同，對於產品和市場的需求也不盡相同，因為地理因素的限制會帶來不同地區之間的市場差異。比如國外有些好的產品和服務專案，本地還沒有銷售或開展業務。本地一些好的產品和服務專案在國外還沒有推廣，這就是商機。比如，在先進國家過時的商品在落後國家不一定過時，也許剛剛開始消費；在先進國家過時的商品，也許在落後國家依然暢銷。由此可見，市場的地區性差異是永遠存在的，關鍵在於你有沒有一雙善於發現的眼睛，具備不具備一種發現差異並縮小差異的工作欲望和能力，其實質就是在滿足市場需求，就是賺錢之道。

看看開始流行什麼

　　現代生活節奏越來越快，越來越多的人接受了「時間就是生命」，「時間就是金錢」的價值觀念。快節奏的生活方式必然會產生新的市場需求，用金錢購買時間，是現代都市人的時髦選擇。精明的生意人就會看到這一點，做起了各種各樣適應人們快節奏生活需求的生意。比如，在吃的方面，隨著人們生活節奏的加快，必然要求速食食品品種更多，數量更大，服務品質更好，這方面的市場拓展大有文章可做；在穿的方面，由於生活節奏加快，人們偏愛隨意、自然、舒適、簡潔的服裝，非正式重要場合，很少有人穿著一

本正經的西服；在行的方面，擁有私家車對現代人而言反而是困擾，出租業就越來越發達，圍繞著交通和汽車備品市場開展生意，前景也十分廣闊。另外，通信業迅速崛起，各類通信工具不斷更新，這方面的商品及服務需求也會不斷增加。

當然，還可以圍繞著適應生活快節奏開展一些服務專案，如家政鐘點工、維修工、物業管理服務、快遞、送貨服務、上門裝收垃圾、網路訂貨購物，預約上門美容美髮、美甲等等，都是可以參考選擇的項目。

你可以圍繞著生活節奏加快，圍繞著人們的衣食住行和生活服務各個方面仔細想一遍，然後拿出你的筆和紙，寫出與此相關的賺錢目錄。

看看大家都改變了什麼

現在，人們早已告別了溫飽階段，開始想要享受生活，追求個性完美。圍繞著人們生活方式，生活觀念的改變就會產生更多新的市場需求。

不可否認，愛美之心，人皆有之。尤其是城市中收入較高的中青年女性，她們更渴望追求自身的美，希望能青春永駐、瀟灑美麗。所以，她們需要各種各樣的美容商品和美容服務。除了女性，男性也愛美。男人用美容商品、進美容院，在今天也不是新鮮事了。不僅年輕人愛美，老年人也愛美。人們不僅追求自身的美，也關注與自身有關的美，如自己穿的衣服，用的東西，住的房子等等都會不斷追求美。圍繞著人們對美的追求做文章，你會發現市場潛力巨大。

人們不僅追求美，而且還會追求健康，身體健康長壽是每個人良好的願望，圍繞著人們追求健康長壽的心理也會大有作為的，如現在都市興起的各類健身房、健美俱樂部、羽球館、保齡球館等。隨著人們生活水準的提高，這方面的需求還會增加。

如今，隨著人們物質生活的逐漸豐富，精神生活的需求也逐漸體現出

來。不斷向他們提供豐富多彩、高雅時尚的精神文化產品和相關服務也正形成一種新的產業。節假日的增多，人們閒暇時間增多，走出家門，走出國門到外面世界走走看看的人越來越多，與此相關的旅遊業務和產品發展前景也十分廣闊。

總之，隨著社會的不斷發展，人們在生活觀念、生活方式上都產生了或大或小的變化。研究這些變化，研究變化所帶來的現實的需求和潛在的需求，就是你賺錢的著眼點。以上所羅列的還不夠全面，類似的市場機會還有很多，你可以用筆和紙把你所能想到的能滿足人們生活觀念和生活方式變化而產生的需求羅列出來，以此來豐富你的賺錢目錄。

看看那些和自己不一樣的人

商業界有句諺言：「盯住女人與嘴巴的生意就不會虧。」的確，如果你不做女士們的生意，那麼你的市場空間就很狹小了。尋找賺錢之道，就必須想辦法賺到女士們的錢。在現代社會，女性消費市場的範圍日益廣闊，女性已成為家庭日常消費品購買的主要決策者和購買者。至於女性專用商品，則基本由婦女自己決策購買的。因此，研究女性這一消費群體的消費心理、消費習慣和消費需求，開發女性消費品和服務市場，前景廣闊。

兒童是又一個重要的消費群體。子女在家庭中處於一種特殊的地位，據調查，現在很多已婚青年夫婦的收入一半以上是用於子女消費的。兒童消費品和服務市場是一個十分廣闊的天地。

除此之外，還要按年齡階段來分別研究消費群體，比如青年消費群體、老年消費群體、男性消費群體等。根據各個階段各類消費群體的生理特點劃分出幾種特殊消費群體的消費心理、購買行為、消費習慣、消費需求，開發不同群體的消費品和服務市場、不同消費群體市場需求的專業化生產經營和專業化服務專案。

隨波逐流躲不開大浪淘沙

《紅頂商人胡雪巖》這本小說裡有一段話,「如果你擁有一縣的眼光,那你可以做一縣的生意;如果你擁有一省的眼光,那麼你可以做一省的生意;如果你擁有天下的眼光,那麼你可以做天下的生意。」

這句話告訴我們,在市場上,你有多廣、多深的經營眼光,往往會決定你的生意能夠做多大以及你以怎樣的方式來賺錢。可見,馳騁市場,擁有「發現」的眼光是多麼重要,會「發現」市場就會贏得「發財」的機會。

然而,在現實生活中,少的是「發現」,而多的是跟風和效仿。當一個新產品誕生後在市場上暢銷,你就會發現用不了幾天就會有無數個類似的新產品在市場上冒出來;當一家茶樓生意火熱時,同一條街上就會有林林總總的茶坊開張;一個城市改造得成功,許多大小城市的建設都變得「似曾相識」,千城一面……其結果往往是「沙灘上建高樓」,經不住風吹雨打。這種跟風或者說是模仿的市場行為,不僅得不到效益,甚至可能還會兩敗皆傷,根本無法實現經營的目標。

該怎麼做才能找到好的專案,找到好的產品,找到一筆啟動資金呢,為什麼只會想等我有了一百萬我能幹什麼,為什麼就沒想過我怎麼樣做才能使自己在 35 歲之前擁有一百萬,擁有屬於自己的事業呢?在改變你的行為之前,你必須改變你的思想和心態!因為你的所有行為都是被你的思想控制的,都是被你的心態所決定的!要根據自身的條件,當地消費水準,市場情況等因素綜合考慮一下!不是人家賣好了賺錢了,你就一定能賺錢能銷售火熱。如果別人說做服裝賺錢,那你就去做服裝,如果別人說賣水果賺錢,你就去賣水果。如果真是這樣話,那你真的是無知得可愛!

民間有句俗語,說是「女怕嫁錯郎,男怕入錯行」。說明選擇產業就像女

人找老公那樣重要。雖說現在時代變了，物件找錯了可以離婚，產業選錯了可以改行。但是，那就需要經歷精神上的痛苦和經濟上的損失。為了在創業時少走彎路，少受損失，選準要投資的產業和項目就顯得非常重要了。

當看到某個產業能夠賺錢，很快這個產業就似乎成了取之不盡的「聚寶盆」。千軍萬馬立刻就會聚集在這個獨木橋上廝殺奪寶。遺憾的是，誰要是不來參與這場惡戰，誰就是標準的「傻蛋」。這個產業廝殺戰場上的血跡還沒有擦乾，可能另一個據說能賺錢的戰場又開始了殘酷的血戰。為了取得戰爭的勝利，甚至不惜血本、不擇手段。結果是，雖然把對方打敗了，自己也傷亡慘重，所剩的本錢也不多了。這就像股市的「追漲殺跌」一樣，不少的短線高手終日研究這理論那理論，結果是獲利者少而套牢者多。

正如跟我們經常講到的市場經濟體制下的經濟規律一樣，任何事情都有它自身的規律。天氣熱到極點就要慢慢地轉涼轉冷，冷到了極點就要轉暖轉熱；一個產業熱得很了要轉涼，涼得很了也要轉熱；一檔股票升得多了就要跌，跌得多了也要漲。就像考大學選專業一樣，報考的熱門畢業時成了冷門，報考的冷門畢業時倒成了熱門。

其實，投資創業本身就是一項艱難的過程，一旦大把的銀子投進去就是開弓沒有回頭箭。所以在選擇產業和項目時一定要慎之又慎。千萬不可隨意跟風或追漲殺跌，最好是下點工夫，結合自身的實際情況，眼光放得遠一點，努力尋找那些在底部經過長期盤整，逐步放量已有啟動跡象的「個股」。這樣成功的把握就會大一些，生命週期也會長一些。

「跟風創業」在以前的政策環境下比較合適。一般情況下，當一家店的生意好，原因無非是店裡的服務、品質、價格都讓客戶可以接受，而最關鍵的是它所銷售或提供的服務對於附近的客戶來說都有需求。所以如果做同樣的專案，一般情況下在市場考察方面就簡單得多，主要應該關注的問題是怎樣

去競爭。因為兩家店的服務或產品相同或類似，而客戶對先開的店已經有了了解或信賴，如果想要獲得客戶的認可，那麼後期新開店就更需要花大的心血來分析如何快速地占領市場。

小趙是 2012 年出社會工作，主要從事工程建築類，工作了幾年大概積累了 100 萬左右的資金。2015 年結婚後突然感覺壓力很大，又要養家還要顧工作，經過長達 3 年的內心掙扎終於決定自己出來創業。找創業內容找了很久，但是總沒有合適的。後來有次路過市裡的一家店，他們做的是寵物醫院，包括寵物美容、糧食等一些內容。看到店裡的生意很好，他突然覺得心動了。老婆的妹妹就有一條貴妃犬，而且她也學過寵物的護理，還在寵物店打過一段工。跟老婆商量過後，他決定讓老婆的妹妹過來打點，選點裝修總共花了 50 萬多，再加上前期的設備和進貨，差不多只剩下不到 20 萬元的流動資金。剛開始第一個月生意很少，他覺得可能是宣傳不夠的問題，於是又在廣告公司做了傳單，並在不遠處做了一個戶外廣告，可結果還是不夠好。其實最關鍵的問題是因為老婆的妹妹對寵物治病並不特別了解，有時候客戶送過來的寵物還要轉送到其他寵物店治病，綜合算下來毫無利潤，苦苦堅持了兩個半月後只能關門了。

出現這樣的局面首先是在創業的定義上有問題。花了 3 年的時間決定是否創業或繼續工作，結果在決定創業後卻在不到半年的時間就從開店到關門。這個問題非常典型，也是小趙失敗的最關鍵因素所在。3 年的時間才最終作了決定，說明小趙的性格屬於搖擺型，而作為創業者，首先必須要有執著的信念和敢打敢衝的冒險精神。其次，小趙對所從事的產業缺乏足夠的了解和認識，開業前的準備也不夠充分，連最起碼的寵物治病技術都不具備，只是一廂情願的跟風。

跟風創業風險相對小一些，但絕對不是沒有風險。有些跟風者是因為眼

紅別人，或許這樣說有點過分，但事實上他們根本沒有對該專案或產品有詳細的了解，僅僅是因為別人的生意好就跟著走。反正別人的生意好，我的也差不到哪裡去，結果就摔了一個大跟頭。小趙的創業經歷清楚地說明這一點。因為他所從事的產業和寵物店根本沒有任何關聯，店裡聘請的唯一的寵物醫生只是一個有工作經驗的「實習生」，根本不具備獨立操作能力。為什麼不花點錢去雇一個專業的技師呢？

　　總體來說，跟風創業一定要做非常詳細的市場考察和分析，而不要看到別人能做好，就認為自己也一定能做好。這種「自信」只會害到自己，而沒有任何幫助。

商機是撬動「財富之球」的支點

　　我們都知道這句話：機會是留給有準備的人。那麼，我們也可以說，商機是給那些善於發現的人。其實，只要你轉動腦筋，做個有心人，遇事善於用「市場眼」掃描一番，也許賺錢的機遇就降臨到你的頭上了。

　　在一則商業報導中，蘇先生靠自己的機敏，挖掘商業資訊的含金量，也做成了一樁沒花錢的買賣。

　　兩年前，蘇先生因公差到內蒙古，很偶然在一個場合接觸到一位在內蒙古投資開工廠的韓國老闆。當他得知這位老闆有意到大陸投資開工廠的資訊時，就主動提出願意為她聯繫合適的投資地點。蘇先生多方聯繫，最後選定大陸鄭州一街道辦事處，並拿到了這個街道辦事處「對引資仲介人予以獎勵」的正式承諾合約，幾經牽線撮合，居然還真把韓商吸引到了鄭州，投資辦了一個防水材料公司。因此，蘇先生得到了街道辦事處獎勵的 5 萬元人民幣，更令蘇先生高興的是：韓商還把他介紹到韓國公司工作。

　　解剖蘇先生利用資訊賺錢的做法，可以歸納為：發現資訊、訂立仲介合

約（獲得獎勵承諾）、溝通資訊、坐收仲介費。

我們再來看另一則利用商機賺錢的故事：

帶著母親給的 5,000 元到城市裡闖天下的尚全海，幾經周折找到一家百貨商場中的商鋪，幫老闆的忙。在兩年多的受僱生涯裡，他熱情勤快，而且出了一些生意上的好點子給老闆。老闆看他誠實而且有經營頭腦，有意把商鋪轉租給尚全海經營。

開始尚全海並不敢接手這家商鋪，因為他沒有那麼多資金。經過一週的反覆考慮，尚全海最終拿定了主意，同意接手這個商鋪，並要求老闆重新裝修商鋪。但他並沒有打算要自己經營這個商鋪，因為他的確不具備這個條件，資金、貨源、經營管理等對他來說，都是困難重重。然而他明白一點，就憑他與老闆畫押的租賃協議，他有權支配這個商鋪。正式接手後，他立即花了一些錢在網路上刊登了「招租」啟事，說商鋪出租，價格面議，有意者找尚先生聯繫。

廣告登出後，應招的人絡繹不絕。經過激烈競爭，最後尚全海簽下了一個非常理想的租賃協議。結果，尚全海淨賺 3 萬元，時間未超過一週，初涉商海便做成了第一筆生意。

這個案例充分說明：沒錢也能做買賣，經商時資金並不是唯一因素甚至不是決定因素。中外許多大富翁創業時只有幾千元，有的僅有幾百元甚至分文沒有，然而經過多年的努力也成了億萬富翁。可見，經商成功主要決定因素是人，是聰明的頭腦。

不論大小，只要是商機，從經濟意義上講就一定是能因此產生利潤的機會。商機具體可表現為需求的產生與滿足的方式在時間、地點、成本、數量、物件上的不平衡狀態。舊的商機消失後，新的商機又會出現。沒有商機，就不會有「交易」活動。

　　要想將商機轉化為財富，必定滿足五個「合適」：合適的產品或服務，合適的客戶，合適的價格，合適的時間和地點，合格的管道。

　　下面的幾種方法有助創業者尋找商機：

缺什麼就去找什麼

　　市場經濟的第一動因就是短缺。在正常環境下，空氣不短缺，可是在高原或在密封空間裡，空氣也會是商機。一切有用而短缺的東西都可以是商機，如高技術、真情、真品、知識等。

為客戶爭取時間

　　遠水解不了近渴。在需求表現為時間短缺時，時間就是商機。飛機比火車快，抗生素雖不治病卻能延緩生命，它們都有商機存在。

幫客戶省錢

　　水往低處流，「貨」往高價上賣。在需求的滿足上，能用更低成本滿足時，低價替代物的出現也是商機，如用煤炭替代汽油，用「山寨」替代「行貨」。

給客戶便捷

　　江山易改，「懶」性難移。花錢買個方便，所以「超市」與「雜貨店」並存。手機比電話貴，可即時性好，手機是好商機。

給客戶「保障」

　　週而復始，永續不完。人們的生存需求如衣、食、住、行每天都在繼續，有人的地方，就有這種商機。

給客戶新的「功能」

天生某物必有用。在我們的日常生活中，一旦某種司空見慣的東西出現了新用途，定是身價大增，比如酒精可防「新冠病毒」，頓時價格大漲，同時自然是商家大賺。

為賺錢者服務

螳螂捕蟬，黃雀在後。人們總是急功近利，盯住最終端，不擇手段。比如挖金礦時，人們不會計較「水」的價格，結果黃金沒挖著，肥了「賣水的」。

關注「大前提」

能影響或改變所有人生活的商機，對長期的投資者來說，這是重要的。如經濟制度變革、基礎設施建設、加入 CPTPP、舉辦世界運動會、教育改革、醫療改革等，都將帶來一系列商機。

策略商機

每隔一段時間都會出現一些重大商機。時間倒流到 10 多年前，金融危機曾讓人面臨著失業再就業的商機，有的人失業了，有的人卻再就業致富了。「失業」和「致富」的天壤之別，就是因為後者失業後，積極利用了政府扶持鼓勵再就業政策的商機。

關聯性商機

一榮俱榮，一損俱損，這由需求的互補性、繼承性、選擇性決定。可以觀察地區間、產業間、商品間的關聯商機情況。

關注某個產業

發源於某一獨立價值鏈上的縱向商機。如電信繁榮，IT 需求旺盛，IT

廠商營利，眾多配套商增加，增值服務商出現，電信消費大眾化等。

關注「公序良俗」

由生活方式決定的一些商機。比如，各種節日用品、生活與「朝拜」的道具等。

利用「懷舊」理念

人們的追求，遠離過去追隨時尚一段時期之後，過去的東西又成為「短缺」物，回歸心理必然出現。至於多久回歸，要看商家的理解和把握了。

關注重大事件

由重大事件引起的商機。如新冠肺炎、非洲豬瘟、抗震救災等，都蘊藏著財富機會。

「善於發現」是創新的基本功

19世紀，美國一個叫Levis的金礦老闆看到採礦工人工作時跪在地上，褲子膝蓋部分特別容易磨破。於是他靈機一動，把礦區裡廢舊的帆布帳篷收集起來，洗乾淨重新加工成褲子，「牛仔褲」就這樣誕生了，而且風靡全球。Levis將問題當做機會，最終實現了財富夢想。

創業需要機會，而機會要靠發現。那麼，創業者如何尋找合適的創業機會？如何把握創業商機呢？其實，創業機會無處不在，關鍵是要靠發掘。

問題

企業的根本是滿足客戶需求，而客戶需求沒有得到滿足就是問題。尋找創業機會的重要途徑，就是善於去發現和體會自己和他人在需求方面的問題或生活中的難處。比如，有一位大學生發現學生放假時有交通難問題，於是

創辦了一家客運公司，專做大學生的生意，這就是把問題轉化為創業機會的成功案例。

變化

一些管理大師將創業者定義為那些能「尋找變化，並積極反應，把其當做機會充分利用起來的人」。產業結構變動、消費結構升級、城市化加速、人們觀念改變、政府改革、人口結構變動、居民收入水準提高、全球化趨勢等這些都是變化，其中都蘊藏著大量的商機，關鍵要善於發現和利用。比如，居民收入水準提高，高級轎車的擁有量將不斷增加，這就會衍生出汽車銷售、修理、配件、清潔、裝潢、二手車交易、代駕等諸多創業機會。

競爭

商場上的競爭是非常殘酷的，但這對於任何一個參與其中的商家來說，既是挑戰，同時也是機會。如果你看出了同產業競爭對手的問題，並能彌補競爭對手的缺陷和不足，這就將成為你的創業機會。因此，平時做個有心人，多了解周圍競爭對手的情況，看看自己能否做得更好？能否提供更優質的產品？能否提供更周全的服務？如果可以，你也許就找到了創業機會。

新知識、新技術

現在所處的時代是一個知識經濟的時代，其重要特徵就是資訊爆炸，技術不斷更新換代，而這些都蘊藏著大量的商機。比如，隨著健康知識的普及和技術的進步，僅僅日常的飲水問題就帶來了不少創業機會，各種淨化水技術派生出諸多的飲用水產品和相應的飲用水供應站，有不少創業者就是透過加盟走上創業之路的。

當你發現了某個創業商機之後，接下來要做的就是考察商機的可行性。有想法、有點子只是第一步，並不是每個大膽的想法都能轉化為創業機會。

那麼，如何判斷一個好的商業機會呢？

應該說，好的商業機會有以下四個特徵：第一，它很能吸引客戶；第二，它能在你的商業環境中行得通；第三，它必須在競爭對手想到之前及時推出，並有足夠的市場推廣的時間；第四，你必須有與之相關的資源，包括人、財、物、資訊、時間以及技能等。

發現創業的機會並不是一件容易的事情，但是對於創業者來說，發現創業機會的能力是當老闆必備的素養之一。創業者在日常生活中需要有意識地加強實踐，培養和提高這種能力。

首先，要培養市場調查的習慣。發現創業機會的關鍵點是深入市場進行調查，要了解市場供求狀況、變化趨勢，考察客戶需求是否得到滿足，注意觀察競爭對手的長處與不足等。

其次，要多觀察、多聆聽、多思考。正所謂見多識廣，識多路廣。每個人的知識、經驗、思維以及對市場的了解不可能做到面面俱到，多看、多聽、多想，就能廣泛獲取資訊，及時從別人的知識、經驗、想法中汲取有益的東西，從而增強發現機會的可能性和機率。再者，要有獨特的思維。機會往往是被少數人抓住的。要克服從眾心理和傳統的習慣思維模式，勇於相信自己，有獨立見解，不人云亦云，不為別人的評頭論足、閒言碎語所左右，才能發現和抓住被別人忽視或遺忘的機會。

挖掘賺錢商機的幾種思路——

盯住競爭對手的產品缺陷

如果你發現了競爭對手的產品存在某種缺陷，而你又能夠加以改進，避免這種缺陷所造成的不良後果的發生，那麼機會就來了，而且你的產品容易被市場接受，宣傳費用還低。

盯住投訴

客戶投訴，說明產品存在問題。如果能夠虛心傾聽客戶的投訴，並加以分析和改善，投訴就成為新產品開發的思路和來源。

盯住消費者的困難

有不少消費者在使用一些產品時會存在這樣那樣的困難，一般人對使用中存在的困難熟視無睹並不會在意，只要你細心觀察，把使用中存在的困難克服掉，就是很好的市場機會。

盯住消費者的習慣

有些產品，儘管消費者年年這樣使用，習慣這樣使用，但消費者的習慣並不一定正確，而且可能很費力和麻煩，如果能夠加以改善，也就成為賺錢的機會。

盯住消費者的幻想

有些時候，不要以為消費者的幻想是很天真可笑，不值得當一回事的，如果你把它當一件事情來看待，幻想就可能變為現實，如成人紙尿布就是很好的例子。

盯住市場的限制

市場限制對企業是威脅，但如果我們逆向思維，限制是對正面思維企業的限制，如果衝破限制，反而是一種機會。。

創新性思維方法

對於個性化需求能否滿足？原來大批量生產的產品能否個性化生產？現在，汽車的個性化生產在日本已經實現了。那麼還有其他很多大批量生產的產品呢？

中央政府和地方政府帶來的政策機會

這種機會特別多，最近幾年中央政府發表很多產業振興政策，地方政府也予以積極支持配合，這些政策都蘊藏著很多市場機會。

網路的焦點話題商機無限

網路的焦點話題，往往是市場機會的來源，要特別關注。

時間商機

消費者由於缺乏購物時間、由於緊急需要、由於想省點時間、由於想打發時間、由於想讓時間過得有意義等等，都有可能帶來商機。

相反商機

大變小、小變大、厚變薄、胖變瘦等由此而產生很多的商機。

一體化商機

說明客戶提供一體化的解決方案、配套工程、整體採購而產生的商機。

獨特是脫穎而出的捷徑

高手過招，靠什麼取勝？靠創意。在瞬息萬變的市場經濟時代，突破過去的框框，掌握新的知識，面對新的課題，適應新的環境，迎接新的挑戰，才能贏得新的財富。

對於絕大多數在激烈的市場競爭中剛剛開創的企業來說，透過精巧構思推出的新招數、新想法，不僅可以使自己的創業之路展開一線生機，而且可以在短時間內見到利潤。所謂新招數、新想法，從其運作思路上看未必出奇，一旦被點撥開了，誰都可以做得到，但其根本卻是創業者具備的功力。

一個項目，一個想法如果不夠獨特的話，很難吸引別人。

新招數，未必出奇

「新」，在一定意義上通常意味著創業競爭壓力的減輕及創業空間的拓展。事實證明，很多創業者在創業初期時都巧妙地運用了這一方法，從而使自己先站住了腳。稱其為新招數、新想法，而不是新技術，是因為與後者相比，新招數、新想法更容易萌生，特別是創業者自己可能瞬間閃現出的新思路，也更容易根據自身的條件進行完善並加以運作。借助巧妙的運用，有些創業者在創業初期的日子會過得比較滋潤，開門見喜，利潤來得也輕鬆了許多。

認真分析每一個用「新」創業的案例，我們發現，很多時候尋找一個新的經營項目、一個新的產業、一個新的產品，並不需要搜腸刮肚去想，但是一定要會利用自身的優勢。

創新，需求是關鍵

雖然「創新」二字說起來不難，但尋找新招數、新想法卻也不是人人都可以做到的。對於新創企業，新招數、新穎構思乃至新產品的開發，需要的是巧勁，而不是拙力。

當你的腦子裡無意間激發出一個重要的創意時，你肯定會無比的激動與興奮。這時候，你不要著急馬上就付諸實踐，創意可不是盲目的標新立異，它要以企業實際為基礎，要適合企業自身的發展要求。你應該對新的創意冷靜地思考，放在市場的基礎上，審視它的可行性與科學性，經過反覆考證，思路成熟了，第一個環節也就完成了。

確定一個招數、想法是否有前景，不在於這個招數或想法的本身是否夠新奇、夠獨特，而是它的存在是否有需求。很多創業者也曾經新奇特招數不

斷，但最終不是無人喝彩，就是過早夭折，原因就在於創業者將這些新思路和新招數孤立在自己的想像中，沒有考慮到人們對之是否存在需求。

當然，任何一個新的專案、新的招數、新的思路，是否可以存活，可以經得住市場的驗證，唯一的衡量標準就是其中是否蘊含市場需求。

運用巧心思

當新項目、新招數、新思路乃至新產品出現的時候，都等於開闢出了一個相對空白的市場。這種相對的空白市場，即使有著極大的需求，也需要有一個讓市場認知、了解的過程。這一過程也常常是創業者最為難過的一關。

一個新產品即使再有市場，對於一個新創而且一文不名的小企業來說，從零開始的推銷卻並不容易，很多創業者都面臨這樣的結果，新產品推出後，需要一點點地普及知識，慢慢地培養市場，但創業企業本身資金匱乏，偏偏又經不起長時間的等待。要想讓自己的產品迅速「躥紅」，除了產品本身「新」，還要在迎合需求上做點巧工夫。

由此不難看出，即使擁有奇妙的創意、精巧的新思路，如果沒有科學地轉化成利潤，就好比一輛昂貴的名牌轎車被棄置於草屋之中。如果創業者想利用「新奇」開始自己的創業，就一定要解決這兩個問題：新招數、新想法是否與自己的經歷有著巧妙的契合，是否可以利用自己的專長將這個創意最大限度地「市場化」。

多研究一些失敗才能揚長避短

現實中，很多準備投身創業之路的人對已經創業成功者的事蹟如數家珍，但是這並不代表他們對自己的前途看得清晰。別人走過的路，可能是一個參考，但絕不會成為自己的出路。創業成功者都經歷了重重困難，而他們

身後的追隨者更是在莫測的環境中艱難前進，想要衝破重圍，並不是那麼簡單的事情。

其實，從他人成功的經驗中學習和從其失敗的經驗中學習的最大差別是：前者很容易限於模仿層面，只知道如何做，而後者則能夠知道為什麼。所以說，看別人如何成功不如看別人為何失敗。

當然，創業是為了成功，但要知道創業也會有失敗。為了自己的創業成功，越來越多的人重視決策創業，從而使這一名詞越來越成為當今我們這個社會最時髦的詞彙。

創業更不能僅憑滿腔熱情和一股銳氣，這樣的創業往往與失敗同行。在美國，每年有幾十萬人開公司，每年也有幾十萬家公司倒閉。常常有人說，創業的成功率小於癌症的治癒率，是不無道理的。

在日本，有一個非營利性的民間組織 —— 日本失敗學會。據報導，日本失敗學會的研究任務包括調查失敗案例的原因、研究防止失敗的方法、普及失敗知識、舉行關於失敗的研討、發行失敗雜誌；以個人和企業為物件，說明研究失敗對策，開展防止失敗諮詢等業務；透過網際網路發佈各種防止失敗的資訊，以供會員採用。

同時，創業者還要明白，失敗也是有成長力的，小事不處理或者處理不好就會變成大事，處理不好甚至會像癌細胞那樣進一步惡化和擴散。在快速變遷的商業環境裡，企業若想用過去的方法延續成功，注定將面臨失敗。採用創新的方式，即便不能確保未來一定會成功，但至少擁有成功的機率。而很多創新，就是從失敗的經驗中獲得的。

世界上的成功案例，多是結合天時地利人和的結果，別人可以成功，並不意味著我們用同樣的方法做同樣的事，就能獲得同樣的成功。所以，只知道如何做不具備真正的價值。但從失敗的經驗中學習，知道了為什麼，知道

了別人失敗的原因，就能避免自己將來遭到同樣的失敗。

對於創業者來說，每一個失敗的創業個案都值得研究，如同企業經營競爭允許並鼓勵犯「合理錯誤」一樣，創業何嘗不可以鼓勵一個人「合理的失敗」呢？

首先，創業者需要知道自己的長處和短處。要了解自己在什麼地方存在侷限，這既要求創業者必須了解自己能否承擔風險和犧牲，也要求他們在心有餘而力不足時能夠坦然地接受現實。例如，當自身才能不能滿足企業當前需要的時候，他們可能就需要請他人幫忙。有時為了公司利益，創業者還不得不退到後臺，放棄自己的職務。

其次，開始創業之旅最好不要等待萬事俱備的時候。如果願意等待，也應該清楚，隨著時間的推移，他們會越發難以放棄已有的生活水準而去選擇創業。從另一方面來說，如果起步較早，不會提出過多的物質需求，也不會背負太多的家庭責任，這樣就有很大的選擇餘地。

最後，創業者還應該認識到，創業的失敗並不意味著自己是糟糕的人；同樣，創業獲得成功也並不意味著自己是天才或超人。如果你想要創業，你也需要有一個能支援你的家庭。事實上，培訓、天賦和良好的時機對創業成功與否確實很關鍵，但創業者還必須對他們的事業抱有真正的熱情，並且保持足夠的謙遜，知道自己何時需要幫助。許多創業者已經為他們的傲慢付出了代價，其他人應該從他們的錯誤中吸取教訓。

握緊的拳頭裡不能空無一物

創業所具備的核心競爭力，是創業者自身所擁有的有價值的、獨特的、不易被其他創業競爭對手所模仿和替代的競爭能力和優勢；是能使創業者戰勝競爭對手從而實現自身價值，開創事業根基，並同時實現經濟價值和社會

價值的核心能力；是影響創業者創業發生率和成功率的決定因素，直接關係到創業者的創業水準和創業企業的興衰成敗。

「創業需要激情與夢想，但更需要核心競爭力。」

創業者要求得生存，就必須有一套安身立命的、能在競爭中取得比較優勢的「核心能力」。對於新創企業，核心競爭力不是一蹴而就、輕而易舉就能形成的，有一個從量變到質變的過程。只要你把握好下列四個方面，核心競爭力就在其中了。

集中優勢，以專取勝

通常來講，由於實力較弱，資金有限，個人創業往往無法像大投資者那樣透過多元化經營來分散風險。正如在戰場上全面出擊，不如集中優勢兵力打殲滅戰一樣，在整體市場上到處開花，不如集中力量打入目標市場，進行重點投資，發展專業特色產品，更能提高知名度和市場占有率。另外，也不要選擇最熱門的產業，而應該選擇最適合自己，並且最有潛力的產業。

從小開始逐步升級

一個能夠在大江大河裡享受搏浪激流樂趣的人，肯定是經過初學游泳到淺水區的多次練習後才達到的狀態，只有這樣才不至於有溺水的危險。創業者也是這樣，瞄準某個專案時，最好是適量介入，以較少的投資來認識市場，等到自認為確有把握時，再大舉介入，放手一搏。「從小開始，逐步升級」是一條穩妥而明智的創業之路。

先創業後賺錢

古往今來，凡是成功的老闆，極少是由於立下大志向而賺取大量金錢的。他們之所以創業成功，多半是因為心中隱隱約約有一個理想要實現，或是對某一方面有特別的熱忱，要透過創業將其實現。這樣的創業動機才是能

夠持久的，它能幫助創業者熬過各種難關，努力堅持下去。那些一心一意要賺錢的創業者很可能犯「短視近利」的毛病，無法兼顧其他經營要點，導致失敗。

打造個人品牌

那麼，作為剛剛開創事業的創業者來講，又該如何利用「個人品牌」這一美譽度較高的無形資產為自己營利呢？

首先，我們要清楚，個人品牌是一種被大家所公認的，是透過日積月累形成的東西。它具有良好的「品質保障」，它的「稀有性」並不是每個創業者都能夠擁有的。所以創業者應根據自己所在的產業，選擇這方面的優勢資源，把它納入自己的創業組織中。

其次，即使擁有了「個人品牌」，也並不等於你的企業就可以一本萬利了，關鍵還得看怎樣把它用好用活。這就需要創業者進行仔細地「打磨」，用得好固然能夠使你的企業獲利豐厚，用不好它所帶來的負面影響也是巨大的、可怕的。

「小勝憑智，大勝靠德！」聰明是一種謀利的手段，不是核心競爭力，一些點子、一些創新、一些小眼光、一些早起步，都是會被別的「笨」人為我所用的。真正的核心競爭力是笨人的那種執著堅持、精益求精。

聰明的人總是在一個產業競爭開始激烈的時候就急於尋找新的天空，尋找所謂的「藍海」；而「笨」人反正也不知道去哪好，就在這個產業內血拼，只求能在某一方面比別人做得好一點點，這種好，時間長了會有口碑，使用者會認可，於是就有了品牌，品牌就是最難以複製和超越的核心競爭力！

用一用自己的「藝術思維」

在市場激烈競爭的狀態下，創業者如想走在市場競爭的前列，占領市場制高點，就需要擴展思路，在「新」與「特」上做文章，從而把握市場的主動權，而且，創造一個新市場也是避免競爭的最好方式。

所以，一個能夠善於開拓創新的企業會盡可能地避免與眾多的強勁對手去競爭，去血拼一個有限的市場，而是透過擴展自己的思路，鑽市場空當、鑽市場夾縫，不斷拓展生產、消費領域，創造創新的市場，從而在激烈的競爭中贏得主動，立於不敗之地。

在當今市場經濟社會，利益至上的商業環境中，一些藝術家以其獨特的藝術思維步入商海，取得「第二事業」的成功。這些經商成功的藝術家之所以成功，與他們的藝術思維有直接的關係。

我們知道，藝術家有著本能的創新精神，他們的思維、他們的眼睛非常靈敏，往往那些常人們想不到的、看不到的，藝術家都能想到、看到。他們能最快地發現商機，而且是別人看不到的商機。正是因為藝術家的特質是重視細節，藝術創作是個細緻的工作，所以在企業經營的具體操作中也應向藝術家學習，增強對細節的重視。

藝術創作是追求特色和風格的，這也是藝術家創業的優勢，也可說「玩自己的風格和特色」。其實，許多經商的老闆比藝術家有實力，但就是沒「玩出特色」，也就沒有了機會。

寶春，一家西餅店的老闆。他的商品目錄宛如一本蛋糕的影集，感性的寶春為每一款蛋糕拍攝了多幅不同角度的寫真，以展現它們的細節之美，在這裡，蛋糕不僅僅是食物，還是一件藝術作品。每天都會有很多人排隊買蛋糕。

　　室內設計專業出身的寶春原本想開設一間室內設計公司，一樓洽談業務，二樓用來畫圖，三樓工作室，偶爾烤制的美味可口食品本來只是洽談業務時調節氣氛的「道具」，沒想到「無心插柳柳成蔭」，最後反倒是它成了主角，寶春也從室內設計師「改行」做起了烘焙。

　　從零開始的白手起家總以艱辛為序曲。在寶春的烘焙學徒期間，他常常每天只睡三四個小時，一大早趕去工地，十點練習做蛋糕，下午三四點鐘便開始畫圖……那份創業的心情也如坐雲霄飛車般，經歷了最初的新鮮與好玩，不久便跌入苦悶與煩躁的谷底。

　　最讓他失落的是糕點的銷量並不理想。由於製餅人手不足，又不懂得控製成本，資金壓力很大，他的西餅可謂是限量版發售。然而，即使每份蜜桃千層餅定價到 6 元，算算收支還是處於虧本狀態。

　　賣不出去的西餅怎麼辦？寶春寧願扔掉，也堅持不降價。一時按捺不住骨子裡的藝術家「衝動」，他甚至作出了每件加價 2 元的決定。沒想到，這番「意氣用事」卻讓西餅大賣特賣，一下子紅了起來。

　　從上面的故事可以看出，有時運用藝術思維，可以使商機「起死回生」，能夠「獨闢蹊徑」。現在火熱的「創意市集」，其實就是很好地利用了「藝術路線」，雖然具體的模式還需要探索，但已經吸引了越來越多人的關注和追捧。

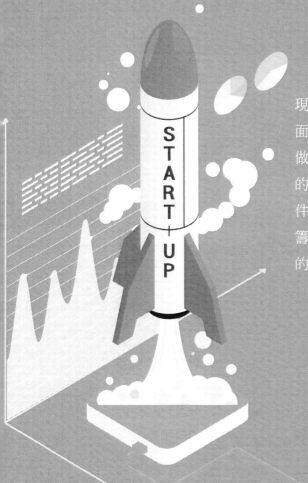

第四篇
步步為「贏」的開業指南

現在，也許你正坐在你的小屋子裡面，想著如何開始你自己的生意，做你自己的老闆。任何一個有經驗的企業家都會告訴你，這可不是一件容易的事。當你的公司進入實際籌備階段時，有些事情是必須要做的，否則將來肯定會後悔。

詳盡的創業計畫書是保障成功的第一步

當創業者確認了創業動機並選定了創業目標，而且在資金、人脈、市場等各方面的條件都已準備妥當或已經累積了相當實力時，就必須提出一份完整的創業計畫書。創業計畫書是整個創業過程的靈魂，在這份白紙黑字的計畫書中，主要詳細記載了一切創業的內容，包括創業的種類、資金規劃、階段目標、財務預估、行銷策略、可能風險評估、內部管理規劃等等。在創業的過程中，這些都是不可或缺的元素。

在很多時候，創業計畫書不僅能讓創業者清楚明白自己的創業內容，堅定自己的創業目標，還可以兼具說服他人的功用。例如，創業者可以藉著創業計畫書去說服他人合資、入股，甚至可以募得一筆創業基金。

創業計畫書應具備的內容

總體概念：其中包括創業最基本的內容，即創辦企業的名稱、企業組織形態、創業的專案或主要產品等。

資金規劃：其中包括創業資金的來源，比如個人與他人的出資金額比例、銀行借貸等，這會影響整個企業的股份與紅利分配多寡。另外，整個創業計畫中資金綜合如何分配，也應該清清楚楚的記載。如果你是希望以創業計畫書來申請貸款，應同時說明貸款的具體用途。

階段目標：創業後的短期目標、中期目標與長期目標。這主要是讓創業者明瞭自己事業發展的可能性與各個階段的奮鬥目標，避免急功近利、好高騖遠的急躁心態，以及樹立遠大的理想和抱負。

財務預估：詳細預估收入和支出，最好能列述事業成立後前三年或前五年內，每一年預估的營業收入與支出費用的明細表。這些預估數位的主要目的，是讓創業者確實計算利潤，並明瞭何時能達到收支平衡。

　　行銷策略：主要包括了解產品市場或服務市場在哪裡？銷售方式及競爭條件在哪裡？主要目的是找出目標市場的定位。

　　風險評估：風險評估是指在創業過程中，創業者可能遭受的挫折。例如：景氣變動、競爭對手太強、客源流失等等，這些風險對創業者而言，都可能導致創業失敗。因此，可能風險評估是創業計畫書中不可缺少的一項。

　　此外，創業計畫書中還應具備一些其他內容，比如創業的動機、股東名冊、預定員工人數、企業組織、管理制度以及未來展望等等。

創業計畫書應發揮的作用

　　一份製作完備的創業計畫書就好像是一部功能超強的電腦，它可以說明創業者記錄許多創業的內容、創業的構想，能幫創業者規劃成功的藍圖，而整個營運計畫如果詳實清楚，對創業者或參與創業的夥伴而言，十分有利於達成共識、集中力量，幫助創業者邁向成功。同時一份優秀的創業計畫書還可以讓投資人慷慨解囊。

　　企業定位：投資人總是首先試圖從創業企業的商業計畫書中獲得創業者對於企業的定位，進一步說就是創業者得有與眾不同的定位。

　　正當性：要解釋為什麼要做？為什麼現在做？為什麼由你來做？正當性不是合法性，而是正確性。擁有知識和技術的創業者通常都是發現問題，然後就去解決問題，而往往沒有很好地診斷問題。

　　創業者承擔什麼風險：創業者不可以為自己準備「救生艇」。投資人要看創業者的風險是什麼，創業者將為企業投入多少時間、多少資源、多少金錢，是否願意為創業放棄已經非常穩定的工作和收入。投資人不會願意承擔比創業者更大的風險。

　　企業遠景與經營模式：創業者應當為企業描繪一個清楚的遠景，讓投資人能有所期待。這就需要在創業計畫書中將好的構想妥善包裝。

產品與服務基本介紹：就這一點來說，既要求創業者能說明創意，又保護自己的智慧財產權。創業者並不需要將創業計畫中的核心技術問題全面透露，讓投資者感到有新意、有市場即可。

想要解決什麼問題：要解決問題而不是製造問題。因為投資人對創業的領域可能會很陌生，投資人可能會認為不需要太大的成本就能達到同樣的效果。創業者要清楚界定準備解決什麼樣的問題，而不要過度設計。

客戶在哪裡：創業者應當為投資人解釋，企業如何以好的產品和服務開發客戶，要讓客戶體驗到價格以外不可替代的價值。

競爭者在哪裡：現今的新經濟時代，競爭者無處不在。創業者需在創業計畫書裡告訴投資人競爭者在哪裡，即讓投資人知道他投資的潛在風險是什麼。同時，要說明創業企業的核心競爭力是什麼。

市場前景：創業者還應該有一個快速成長的規劃，告訴投資人，自己有什麼樣的野心，有多大的目標，比如在多長時間內要獲得多大的市場占有率，投資人才有機會因投資得到回報。同時，創業者還要證實此計畫的切實可行性。

盈利預測：應告訴投資者關於專案或產品的投資及盈利週期，正常情況下的利潤率、利潤額和投資回收期。要依據實際的市場調查結果和科學的計算分析模型，進行計算和預測，具有可信度和可操作性。

附錄：《創業計畫書》範本

第一部分：事業簡述

一、描述所要進入的是什麼產業？是買賣業、製造業還是服務業？

二、產業目前的生命週期是處於萌芽、成長、成熟還是衰退階段？

三、賣什麼產品？或是提供什麼服務？

四、誰是主要的客戶？

五、事業是新創的？還是加入或承接既有的？

六、用獨資的方式？還是合夥或公司的形態？

七、企業靠什麼獲利、發展？

八、打算何時開業？經營期限多久？是否有季節性？

第二部分：產品或服務

一、產品或服務描述

二、產品特徵及競爭能力

三、產品技術與工藝

四、產品研究與開發

五、產品未來展望與服務規劃（3-5 年）

第三部分：環境分析

一、整體環境

包括：政治環境、經濟環境、技術環境、社會環境

二、產業分析

包括：產業現狀及未來發展，產業競爭狀況（現有競爭者、潛在進入者、代替品、供應商的議價能力、顧客的議價能力）。

三、市場需求分析（規模和容量）

四、產品競爭分析（與競爭品進行詳細對比）

五、自身內部環境分析

包括：技術資源，人力資源，財務資源，組織資源等。

六、消費者分析

包括：產品總需求量、市場滿足程度、消費者偏好等。

第四部分：企業目標和策略

一、企業目標

1 · 第一年的目標，三年後的目標，五年後的目標，企業目標要追求永續經營。

2 · 在制定企業目標時，要做到深耕化、長遠化、多元化。

二、企業策略

1 · 分析企業的優勢、劣勢、機會、威脅，制定未來發展策略（分幾步走）。

2 · 市場進入策略、分析進入障礙、競爭對手可能的反應模式等。

第五部分：目標市場行銷

一、市場細分

二、確定目標市場

包括：評估細分市場的規模和潛力、結合企業的目標和資源、分析本企業的競爭能力。

三、市場定位

1 · 充分了解競爭對手

2 · 深入了解目標消費者

3 · 顯示獨特的競爭優勢

4 · 確定本企業市場定位

第六部分：市場行銷策略

一、產品策略

1‧產品組合策略

2‧包裝策略

3‧品牌策略

(1) 支持品牌運作的內部支持平台：公司使命、公司願景、經營方針、年度品牌行銷方案、產品的改進和研發計畫、品牌行銷傳播計畫。

(2) 品牌推廣：概念上市計畫、品牌認同策略、品牌偏好引導、品牌忠誠培育。

二、價格策略

根據自身成本狀況、競爭對手成本以及消費者接受能力，制定低定價（滲透定價）或高定價（撇脂定價）策略。

三、分銷策略

1‧通路分析

包括：目標市場特性、產品特性、企業特性、環境特性、競爭特性、中間商特性。

2‧通路設計

3‧通路管理

四、促銷策略

包括三個方面：對消費者、對中間商、對企業內部

1‧營業推廣（短期誘導性、強刺激的戰術組成的促銷方案）

(1) 營業推廣的目的、目標消費群、促銷時間和促銷載體。

(2) 具體促銷活動計畫，闡述促銷活動的主題、促銷具體時間和地點、活動準備工作、活動過程安排、費用預算等。

2．廣告方案的撰寫與廣告媒體選擇

(1) 廣告策略安排

(2) 廣告創意和方案

(3) 廣告投放

(4) 廣告預算及分配。

3．人員推銷

(1) 組建和管理銷售團隊

(2) 對銷售團隊的培訓

(3) 確定客戶目標，並建立客戶資料庫

4．公共關係

(1) 新聞媒體宣傳

(2) 支持贊助公益活動

(3) 舉行大型公益活動

第七部分：管理與人事

一、組織架構與管理。

安排好企業的組織架構，要清楚自己的管理專業水準及相關背景，清楚自己的優勢、劣勢。具體包括：

1．創業團隊之間如何互補？

2．創業團隊之間的強弱勢，彼此間職務及責任如何分工？

3．職責是否界定明確？

4‧除了團隊本身是否有其他資源可分配和取得？

二、人力資源規劃

1‧現在、半年內、未來三年之內人力資源需求是什麼？

2‧還需要引進哪些專業技術？有專業技術的人在哪裡？是否可以引入？

3‧需要全職還是非全職的員工？

4‧薪水是計算月薪或日薪？

5‧企業提供之福利有哪些？是否安排職業培訓？培訓成本是多少？

第八部分：生產營運管理

主要包括生產、庫存、供給和分銷、訂單的執行和客戶服務等。

第九部分：財務分析

詳盡預測投資後 3～5 年企業的銷售數量、銷售額、毛利率、成長率、投資報酬率等。財務規劃和分析應包括：財務資料預測（銷售收入、成本費用、薪水水準、固定資產、明細表）以及資產負債表和利潤及分配明細表、現金流量表。財務指標分析（反映財務盈利能力的指標、財務內部收益率、投資回報期、財務淨現值、投資利潤率、投資利稅率、資本金利潤率以及不確定性分析、盈虧平衡分析、敏感性分析等。

一、財務分析依據（包括建設規模，建設期及生產負荷、折舊與攤銷等）

1‧產品在每一個期間的發出量有多大？

2‧什麼時候開始產品線擴張？

3‧每件產品的生產費用是多少？

4‧每件產品的定價是多少？

5‧使用什麼分銷管道，所預期的成本和利潤是多少？

6‧需要聘僱哪幾種類型的人？

7‧聘僱何時開始，薪資預算是多少？等等。

二、財務預測

根據財務活動的歷史資料，考慮現實的要求和條件，對企業的財務活動和財務成果作出科學可預計和測算。它是財務管理的環節之一。其主要任務在於：測算各項生產經營方案的經濟效益，為決策提供可靠的依據，預計財務收支的發展變化情況，以確定經營目標，測定各項定額和標準，為編制計畫，分解計畫指標服務。財務預測環節主要包括明確預測目標，蒐集相關資料，建立預測模型，確定財務預測結果等步驟。

1‧銷售預測表；

2‧財務預算（以銷售 預測為起點、進而對成本、費用進行預測，並以此為基礎編制 3-5 年的三大報表）；

3‧財務評價（可使用折現指標法或回收期、會計收益率等指標，表明資本投入後收益大於其資金成本（其機會成本）── 此為股東創造價值的標準；

4‧盈虧平衡分析。

三、資金來源與使用

說明項目所需資金數額以及資金來源管道，它應包括：吸納投資後的股權結構、股權成本、投資者介入公司管理的程度說明、投資回報與退出（股票上市、股權轉讓、股權回購、股利）。

1‧融資計畫（包括資金總需求、融資金額、融資方式、融資管道等）

2‧資金使用計畫（專案總投資及用途、投資結構、已經完成投資、新增投資等）

3‧資金退出計畫（資金退出時間、退出方式和還款計畫等）

主要說明：資金總需求，資金的來源（自籌貨幣、投資人）、使用及退出。

第十部分：風險管理

分析可能存在的各種風險，評估各種風險可能帶來的後果，企業應對和規避風險的措施策略。

一、整體環境決定的風險

1‧國家政策風險

2‧經濟週期風險

3‧經濟環境風險，如：利率變動、匯率變動等影響企業成本；通貨膨脹、通貨緊縮等影響消費需求。

二、產業環境決定的風險

1‧市場風險，由於不存在實際需求或市場未準備就緒等原因，導致市場不接受企業的產品或服務。

2‧競爭風險，除了現有的競爭者之外，是否存在潛在的新進入者。

三、企業內部因素決定的風險

1‧技術風險，本企業的技術是否太過超前或已經過時。

2‧產品風險，如產品設計、功能等不能滿足消費者客觀需求，產

品定位錯誤。

3‧執行風險，管理不力、時間不充足、動作不到位導致無法有效
　開展業務。

4‧資本風險，低估成本或高估收益導致資金短缺。

好的名字並不是為了「討個好彩頭」

一個最佳的品牌或公司名稱是要能夠充分反映企業的產品或服務所具備的與眾不同的特色及單一性。基本上，品牌或公司名稱與產品之間的關係是成正比的，也就是說能在消費者的心目中產生一種緊密的聯想力。如果品牌或公司名稱極具創意，那麼不僅有助於建立品牌的形象，同時也能引起顧客的購買欲。所以說，創業者在選擇品牌或公司名稱時應該具有前瞻性與遠見性，所選擇的品牌或公司名稱要能很有彈性地將自己推薦給消費者。

確定了品牌或公司名稱後，要及時到工商登記網站預先作名稱查詢，確定你所選擇的名稱沒有被其他公司登記註冊或依據商標保護法被禁止使用。切記，別取一個過於冗長的名稱，消費者不容易記住。

作為創業者一定要清楚，任何一個商業問題的核心都在於如何吸引客戶的眼球，而不論你的產品或者服務有多麼的好。如果沒有人知道你的價值，也就沒有人會購買你的產品。所以，一些額外的努力還是很有必要付出的，當然也是值得做的。把你公司的品牌形象傳遞給這個廣闊的世界，大聲地對你的潛在客戶說「我，就是這個樣子。」對於很多公司來講，這意味著要給自己的品牌定位一個新的形象。

有這樣一家名叫「賠得快」的刀削麵館。

麵館老闆說，自從取了這個店名後，生意馬變好，還有不少回頭客。「路過的行人一邊看著店牌一邊笑。」他說，確實有一部分客戶是衝著這個牌子

進來的，「要在平時，中午得排隊！」

為何飯店取這個名字？

麵館老闆總結說：有特點，好記；「得」字可以看作「得到」的意思，「有捨有賠才能有得」；另外取「快」是因為做的是刀削麵，手法和開鍋也得快。

奇怪的店名反而收到意外的效果，可以從中折射人的消費心理，覺得你虧，你沒錢賺，就覺得自己進去消費肯定占便宜。平常人都有從眾心理，一個人進去了，兩個進去了，接著進去光顧的人就會越來越多！所以商家無論是開店取名也好，搞經營手段也好，只要抓住顧客的消費心理就會有錢賺。

儘管取個好名字對任何面向普通消費者的產品都很重要，但並不是所有創業者都能夠意識到這一點。實際情況往往是，很多創業者對這件事情的重視程度不夠，隨便取了一個名字。可是那些不好的名字，使用者很難記得住，推廣的成本也非常高。

取個好名字，這是創業的第一步，千萬不能輸在創業的起跑線上。

有這樣一個笑話，以四大古典名著之一《水滸傳》為題材的同名電影上映後，票房低迷，有好事者將其名字改為《105個男人和3個女人的故事》，於是蜂擁者眾，電影院人滿為患。不過，這也許並不僅僅是個笑話。在現實生活中，具有高度概括力與強烈吸引力的商店招牌（商店名）和企業名稱、品牌名稱，對消費者的視覺刺激和心理影響是很重要的。名字取得好壞，是否能引起消費者的關注，是關係創業成功與否的一個不可忽視的重要因素。

一個好的企業名稱或品牌名稱，因為容易記憶、容易上口、容易寫等特點，能給人留下深刻的記憶和美好的印象。如果名字的識別比較困難，如過長、有難認的字、不利於書寫、不利於記憶，往往使人產生本能的抗拒心理，使大眾的心理印象產生障礙。

同樣的商品同樣的品質，因有了不同的名字，在市場上的表現會有天壤

之別。由此，品牌或企業名稱的威力可見一斑。

　　好的店名必須與經營商品相吻合，必須新穎、不落俗套。一般來說，應以簡潔為好，易讀易記，給人以美感和藝術享受。對於外向型企業或產品品牌來說，還特別要注意與當地的文化、經濟、法律等相適應。

　　有些國家透過法律制度來對公司或品牌的名稱和用字做了一些規定，因此，出口商品的品牌商標設計，應注意要和各地的社會文化傳統相適應，不要違背當地的風俗習慣和各國的宗教信仰，尤其要注意習俗或宗教忌諱。在國際市場上，品牌的商標設計既要符合市場國當地的法律規範，也要符合國際慣例，以便於向當地有關機構申請註冊，取得商標專用權。

　　因此來說，為企業、店鋪或產品命名是一門大學問。現代社會，要打出自有品牌、打響名號，第一步，得先取個響噹噹的好名字。

　　一般商家取名字，多半是靈光乍現，或者就以人以地為名，謹慎一點的，大都會拿去給專家或命理師請教。其實，取名之前不妨自己先觀摩分析一下同行命名的情形，集思廣益先想幾個好名字，再徵求專家的意見。

　　若想求得一個讓人拍案叫絕的好名字，必須掌握以下四個要素：

　　形象：配合營業內容，塑造企業形象。如果賣的是地方小吃，店名不妨鄉土樸拙一些，如「大三元」、「欣葉」餐廳；西餐廳命名講求的是浪漫優雅，如「綠島」、「蒙地卡羅」；精品店就強調精緻時髦，甚至加入英文字母或單字。有個廠家用「新發現」做生髮水的產品商標，這樣的產品命名簡直就是妙不可言，脫髮的人誰不想「新發現」呢？

　　利益：價值點、利益點附加愈多，愈能刺激商品銷路。例如米果取名「旺旺」、兒童尿布取名「幫寶適」，而許多餐廳、酒樓命名均抓準了「喜事、幸福」點，取個好名字討個吉利和喜慶，即是顯例。如「幸運樓」、「喜運來」、「鴻福」、「大宏圖」等，就連 KTV 也取名叫「錢櫃」。

好記：一些口語化的諧音，不妨多加利用，如榭榭——謝謝、巴黎站前——包你賺錢，或者容易讓人產生聯想的店名，如川菜館最愛以峨眉、重慶為名，明白好記。再有如「D&D 夜總會」等。

節奏：唸起來順口好聽，富有節奏感，也是令人印象深刻的必備條件，這樣的名字非常具有親和力。如「新光百貨公司」、「君悅飯店」、「寶礦力」等。

當然，如果你想標新立異，也可以為自己的企業或產品品牌取個怪異的名字。在個性化風潮大興的現代，一些不按牌理出牌、怪得可愛的店名往往也能達到吸引客戶上門一探究竟的效果，如餐廳名叫「有關單位」、「老班長」、「嘉仁宮」（想要加薪時就請上主管或老闆去該飯店吃飯）、「燒鵝仔」，髮型屋叫「胡思嫩賞」，時裝店叫「經典故事」，地下購物商場叫「流行前線」，或者如「魚啖屋」等，都能吸引一些特定的消費群體。

另外，還有一些名稱很平易近人，讓人有親切感，比如「全家便利商店」、「金蘭醬油」。總體而言，你的企業或店鋪主要以什麼族群為消費對象，就應該結合實際的情況來設計。如果是兒童不妨來點稚嫩風格；如果是年輕一族就不妨嘗試來點特異風格。

「風水寶地」才能「招財進寶」

中國人歷來講究風水，如果是開店選址，也一定要慎重，即使拋開迷信的說法，好的選址也是成功的一半。

因為，位置決定「錢」途。

公司或店鋪選址的重要性不言而喻。對此，專家的看法是：不論創立任何企業，地點的選擇都是決定成敗的一大要素，尤其是以門市為主的零售、餐飲等服務業。店面的選擇，更往往是成敗的關鍵，店鋪未開張，就先決定

了成功與否的命運。

　　一般來說，如果是工廠、倉儲等企業，應以減少中間環節，降低企業生產成本，提高運行效率為原則，可將位址選在開發區。公司以交通便利，商務交流迅捷，商務服務完善為原則，一般選擇商業圈或者鄰近商業圈的辦公室。

　　各種產業中，以餐飲、服務產業選址的條件最為苛刻，以下是商場和商店的選址祕訣。

注意路面與地勢

　　通常情況下，商場的地面應與道路處在同一個平面上，這樣有利於客戶出入。如果商場的位置在坡路上或高度相差很多的地段上，那麼就必須考慮商場的入口、門面、階梯、招牌的設計等，一定要方便客戶，並引人注目。

選擇方位與走向

　　首先我們說一下方位情況。方位是指商場正門的朝向，一般商業建築物坐北朝南是最理想的地理方位。

　　其次，我們說一下走向情況。一般而言，人們普遍有右行的習慣，商場在選擇進口時應以右為上。如街道是東西走向，客流主要從東邊來時，以東北路口為最佳；如果街道是南北走向，客流主要從南向北流動，以東南路口為最佳。

　　最後，還有交叉路口的情況。如果是三岔路口，最好將商場設在路口正面，這樣店面最顯眼；但如果是丁字路口，則將商場設在路口的「轉角」處。

留意潛在商業價值

　　如果創業者試圖找到一些不引人注目但又具有商業潛力的地段，可從以下幾方面進行判斷和評價：

擬選的商場地址在城區規劃中的位置及其商業價值。

是否靠近大型企業、辦公區、公家單位。

未來人口增加的速度、規模及其購買力提高度。

對於其他類型的開店，選址也有一些參考祕訣 ——

首先，要根據經營內容來選擇位址。如果是服裝店、小超市，那麼就要開在人流量大的地方；如果是健康食品商店和養老中心，就適宜開在偏僻、安靜一些的地方。

其次，要選取自發形成某類市場的地段。在長期的經營中，一些市場會自發形成銷售某類商品的「集中市場」。

再者，要選擇有廣告空間的店面。有的店面沒有獨立門面，店門前自然就失去獨立的廣告空間，也就使你失去了在店前「發揮」行銷智慧的空間。

此外，還要具備「傍大款」意識，即把店鋪開在著名連鎖店或強勢品牌店的附近，甚至可以開在它的旁邊。這些著名品牌店在選址前已做過大量細緻的市場調查，挨著它們開店，不僅可省去考察場地的時間和精力，還可以借助它們的品牌效應「挑選」到一些客戶。

最後，對於店鋪周圍所居住的人口也要有所研究。因為有什麼樣的人，就需要什麼樣的消費，創業者也需看「菜」吃「飯」。一些眼光如炬的經營者，在這方面多從以下十點去研究，有意開店者可以參考一下：

1. 周邊社區、社區總人口以及人群的變化情況，過路客、邊際顧客等人口因素。

2. 人口構成。既有土生土長的本地人，也有外地遷來的住戶，還有國外人士，哪一種消費人群居多，將會直接影響到商品構成和生意好壞。

3. 人口密度。商圈周圍要區分主要商圈、次要商圈、邊際商圈

的人口。

4. 性別結構。男性女性比例不同，經營的品種自然也要不同。

5. 所在地成年人就業情況。就業率高低關係到購買力大小。

6. 年齡構成。店內裝潢風格與此大有關係，不同年齡的客戶有不同的風格喜好。

7. 戶數結構。雙薪家庭、三代同堂、老夫老妻等，有針對性的產品要因人而異。

8. 婚姻狀況。透過研究，投其所好，多多做好婚慶喜事生意。

9. 生育情況。要多為家長們考慮，經濟又全面算好花在孩子身上的帳。

10. 居民結構。不同居民生活習慣不同。店家研究越細，目標市場定位就會越準確。

　　儘管在經營場地的選擇方面，各產業所考慮的重點不盡相同，但是有兩項因素是絕對不可忽略的，即租金給付的能力和租約的條件。經營場地的租金是最固定的營運成本之一，就算是不營業，租金照樣得支出，尤其在房價狂飆後，租金往往是經營者的一大負擔，不能不「斤斤計較」。有些貨品流通迅速、體積小而又不占空間的產業，如精品店、高級時裝店、餐廳等，負擔得起高房租，可以設於高租金區；而傢俱店、舊貨店等，因為需要較大的空間，最好設置在低租金區。

　　租約分為固定價格及百分比兩種，前者租金固定不變，後者租金較低，但業主分享總收入的百分比，類似以店面來投資作股東。租期可以訂為不同時限，但對於初次創業者來說，最划算的方式是訂一年或兩年租期，以預防將來有更新的計畫。

合法完善的手續是必需的通行證

每一個自謀生路的人都應該確立這樣一個基本觀念，那就是「合法經營、勞動致富」。無論做什麼，都應在法律法規允許的範圍內進行，而不能靠投機取巧、坑騙客戶致富，也不能偷偷摸摸地幹。這一點，從開業之前辦理必要的合法手續就已經開始了。

當然，還存在一些自由職業者如作家、撰稿人、演員、家庭保姆等或許無需辦理合法開業手續，但也必須依法納稅，同時也要考慮以合法形式和手段保護自己作為自由職業者的合法權益。

從小資創業可能開展的業務分析，主要有三種手續。

(1) 在一些市場內經營的攤點，可到市場管理自治委員會辦公室辦理相關登記手續。經營者要定期交納一些管理費或由工商稅務人員核定一定數額的固定稅金。

(2) 工商登記手續。這樣的經營者一般都有固定的場所，以個人名義經營，所以要辦理工商登記和稅務登記手續，如有必要還可領取發票。各地工商部門對自主創業開展企業經營都有不同程度的優惠政策。

(3) 公司企業工商登記手續。如果你是與別人（自然人或法人）成立合夥經營的有限公司，則要按公司法辦理規範的工商登記和稅務登記手續。

辦理合法的開業手續，一方面是創業者開展業務，合法經營的前提條件，另一方面也是維護其合法權益的保證。日常生活中常常有這樣一種情況，有些人忙前忙後為了一筆生意，到要簽合約、交款、提貨時，卻因為自己沒有合法經營手續、沒有合約章、沒有銀行帳號、沒有發票而不得不找第

三者轉手，被第三者分了利。更有甚者，被第三者得利後甩掉，自己分文未得，白忙活一場。因此，如有條件，辦理合法開業手續，有自己的名稱、字體大小、公司章、合約章、銀行帳號和發票等，就可以光明正大，獨立自主地開展業務了。

部門安排等於調兵遣將

在創業計畫開始實施前，創業者必須選擇用什麼樣的組織架構來適應自己的創業大計。簡而言之，首先你必須決定是要自己單獨創業，還是合夥創業？如果選擇合夥創業，公司的原始資本額要如何分配？

合夥創業的模式可以是有限責任公司制或者是合夥企業制。這中間並沒有一套可依循的準則，來分析各種可能狀況以區分兩種模式孰優孰劣；因此，你必須先了解各種公司組織形態的利弊及運作方式，再選擇最適合的組合模式來配合你的創業計畫。

儘管各種公司營運架構有些微的差異性，但是最需要注意的焦點是，一旦公司營運出現狀況時，公司內部將由誰負起最後法律上的財務責任？

舉例來說，以獨資或合夥人型態創業，公司組織法要求個人自行負擔公司的債務歸屬問題。也就是說，一旦公司因牽連上財物官司而敗訴，則個人名下所屬財產及不動產等都會受到法院的扣押、拍賣以償還債務。無論一開始你選擇哪一種經營模式，都不代表公司的經營體制已經定型不變，還是可以依據公司的發展與未來潛力做適時的變更。

雖說新創企業一開始就能夠成為正式和規範的組織往往有些遙不可及，一個三五人的小公司甚至根本就不可能有什麼組織架構，但是要知道「游擊隊」想要做大做強，必須成為「正規軍」，或早或晚都要過「組織架構設計」這道檻。

　　根據管理經濟學與組織架構原則，組織架構設計有決策許可權分配、員工激勵機制、業績評估體系這三個關鍵方面。這「三駕馬車」之間相互聯繫，互為依存。特定的決策許可權分配需要有相應的員工激勵機制和業績評估體系加以配合。否則，很難促使擁有決策權的人做出有利於企業的決策，也無法監督和評估決策人的決策品質和決策後果。反之，如果企業採用了特定的員工激勵機制，也有必要給予他們相應的決策權利，以便員工有許可權按相應的激勵因素採取行動，並且還要有相應的業績評估體系來指明和約束行動的方向。只有決策許可權分配、員工激勵機制和業績評估體系相互協調的組織架構設計，才是比較理想的選擇。這應該是新創企業在設計組織架構時值得參考的重要原則。

　　有關組織設計的各種新名詞新說法，我們聽得太多了。扁平化早已不是什麼新知識，資訊技術領域的「網路」和「動態」也被搬進了組織架構設計之中，非正式組織越來越多地被談論和應用，差不多成為了一種管理時尚。然而一個不能忽視的事實是：絕大多數企業，無論大小新舊，都仍然沿用金字塔形的組織架構。

　　金字塔形組織架構常常意味著「落後」、「僵硬」和「效率低下」，但它同時也是一個歷經風雨、長盛不衰的制度安排。從進化論和「適者生存」的角度看，它既然生存下來了，自然有它的合理性。很多創業者都希望擺脫傳統企業的弊端，本能地想打造近乎完美的團隊和組織，因此有較多弊端的金字塔形組織架構很難入他們的法眼 —— 事實上不少創業者都剛從金字塔下面「奮鬥完」不久。雖然金字塔形組織有很多需要改進的地方，但它應該算是設計組織架構時的相對最優選擇。因為，同金字塔形組織比較起來，前面提到的各種組織架構新說，除扁平化以外還遠遠沒有經受實踐的充分考驗。雖然這些組織新說也有不少現成的成功案例，但同金字塔相比其應用範圍仍相當

狹窄。因此嚴格說來，它們是否能夠存活下來尚難定論，是否比金字塔形組織更優，則更需要慎重考量。

「誰聽誰的」和「什麼事情誰說了算」

決策許可權的分配可以說是組織架構設計中最根本的問題。簡單來說，首先是要解決「誰聽誰的」。在過去的封建王朝時代，各級官員都由皇帝直接任命，各級官員至少在理論上是直接向皇帝負責。官僚系統內的上下級之間沒有明確的「誰向誰負責」的關係。一般情況下，下級當然還得聽上級的，一旦撕破了臉皮，下級不僅敢不聽上級的，還可以直接參他一本。類似的情形在當今的家族企業中屢見不鮮：老闆一個人獨攬大權，一個或幾個副總都形同虛設。由於缺乏一個有效的決策許可權分配系統，上級不能有效地管理下級，這類企業在規模尚小時問題還不大，達到一定規模後效率變得極其低下。

關於決策許可權的分配，除了上面所說的「誰聽誰的」，更進一步講，就是解決「什麼事情誰說了算」的問題。因為只是簡單地規定「誰聽誰的」無法應付日益複雜的經營管理問題，也解絕不了創業團隊中的意見分歧 —— 哥兒們、姐兒們之間，誰該聽誰的呢？因此粗線條的東西必須趨於細化，才能實現有效管理。

由於「什麼事情誰說了算」涵蓋了非常複雜瑣碎的事物，所以在一開始就有必要用書面的正式檔規定下來。

誠然，組織架構設計對於企業經營管理的重要性，就像是木桶上的一塊木板，雖然不是唯一重要或者最重要的，卻是不可或缺的。

對於新創辦的企業來講，在管理制度方面應遵循簡單適用的原則。創業期企業主要是抓好人和財兩個方面。在人事管理方面，要制定考勤制度、獎懲條例、薪資方案等制度；在財務方面，要制定固定資產購置、投資決策管

理、日常費用報銷、預決算和成本控制等制度。在這方面的具體操作過程中，專家給出以下一些建議：

首先，明確企業目標，達成共識。將企業的目標清晰化、明確化是創業者首先應該做的事。有了目標，才有方向，才有一個共同的遠景，這種共識能夠大大減少管理和運作上的摩擦。

其次，明確「誰聽誰的」和「什麼事情誰說了算」，並用書面的正式檔規定下來。明確每一個核心成員的職責對管理是否暢通非常關鍵，否則創業者的兄弟意氣會讓管理陷於混亂。

同時，創業者要申明並且帶頭執行這些規章，遵循開誠佈公、實事求是的行動風格，把事情擺到桌面上來講，不要打肚皮官司。

再有，公司發展到一定規模後，最好在公司內部形成一個管理團隊，並能夠定期交換意見，討論諸如產品研發、競爭對手、內部效率、財務狀況等與公司經營策略相關的問題。一般採取三級管理結構，即決策層、管理層和基層員工。

最後，制定好了的管理制度，必須強調人人都要嚴格遵守，不允許有特權，也不能朝令夕改。當公司發展到一定的程度並初具實力時，就要意識到自身能力上的缺陷，盡可能聘請一些管理方面的專業人才來共圖大業。

打江山時的招兵買馬

當你終於義無反顧地作出了「我要去創業」的決定，而且你已經有了切入市場的產品或專案，但這僅僅是一個點子，你接下來最重要的任務就是建立起一個共同創業的團隊。

在世界著名的高科技產業聖地 —— 矽谷流傳著這樣一個「規則」，有兩個哈佛 MBA 和 MIT 的博士組成的創業團隊幾乎就是獲得風險投資人青睞的

保證。當然這只是一個故事而已，但是我們可以從這裡看到一個優勢互補的創業團隊對於高科技創業企業的重要性。技術、市場、融資等各個方面都需要有一流的合作夥伴才能夠成功。

不可否認，任何一家企業建立一隻優勢互補的創業團隊，對於人力資源管理都將造成至關重要的作用。團隊是人力資源的核心，「主內」與「主外」的不同人才，耐心細緻的「總管」和具有策略眼光的「領袖」，技術與市場兩方面的人才都不可偏廢。創業團隊的組織還要注意個人的性格與看問題的角度，如果一個團隊裡能夠有總能提出建設性的可行性建議的和一個能不斷地發現問題的批判性的成員，對於創業成功將大有裨益。

同時，創業者還有一點需要引起特別的注意，那就是一定要選擇對創業項目有激情的人加入團隊，並且要使所有人在企業新創時就要有每天長時間工作的準備。凡是人才，無論他的專業水準多麼高，如果對創業項目的信心不足，都將無法適應創業的需求，而這樣一種消極的因素，對創業團隊所有成員產生的負面影響可能是致命的。創業初期整個團隊可能需要每天工作十幾個小時的不停工作，甚至在睡著的時候也會夢見工作。

在創業初期，一定要建立一套細緻有效的對員工進行考核的方案，對每個職位上的員工的工作業績定期進行有效考核。至於考核的方式，應採取量化或者面對面交流的方式，各個企業可以根據實際情況靈活掌握。當然，只有考核方案還不夠，還要有一個員工能力發展計畫，幫助員工在工作中、企業內部培訓中以及自學中不斷提高自己的能力。這樣一個發展計畫有時候比豐厚的薪酬更能吸引高素養的員工，對於高科技企業尤甚。

創業的鑼鼓剛剛敲響的時候，團隊成員大都是好朋友，大家本著同一個戰壕的「戰友」的想法共同走到了一起，準備透過共同努力打出一片屬於自己的天地。但是經過一段時間的磨合之後，絕大多數創業團隊都要經過一番

痛苦「洗牌」，或許有的人不能認同理念，或許有的人有其他的打算，或許有的人不稱職。事實上，即使是最富經驗的職業經理人，他們最不願意處理的事情也是解僱員工。對於創業企業來說，創業初期的人員變更是很大的問題，但即使很難也要進行，要有果斷換人和「洗牌」的決心和勇氣。有個辦法，就是堅持一種理念：公司不是私人的，是大家的，不能顧及私情，要出於公心換人。這個道理不一定行得通，但是能否堅持這種理念，決定了能否正確貫徹換人的決策。

重在觀念

現代企業的管理模式，早已不是從前那種把管理職務當官來看，把員工當做工具的封建家長式作風的時代了。取而代之的是，尊重員工的個人價值，理解員工的個性需求，適應勞動力市場的供求機制，依據雙向選擇的原則，合理地設計和實行新的員工管理體制。將員工看成企業重要資源，是競爭優勢的根本，並將這種觀念落實在企業的內部管理、領導方式、薪酬設計等具體的管理工作中。

設立高目標

要想留住人才，就必須要不斷提創新挑戰，為員工提供新的發揮空間。因為人人都希望獲得成功，熱愛挑戰是優秀員工的通常表現，如果企業能不斷提出更高的目標，他們就會留下。作為一個管理者，你要認識到在員工成長時，他們需要更多地運用自己的頭腦來幫助企業並被認可的機會。所以你必須創造並設計一些挑戰機會以刺激員工去追求更高的業績。只有當員工感到自己在工作中能夠得到不斷的支持，能夠不斷地學到新的東西，他們才會留下來並對企業保持忠誠。

經常交流

沒有人喜歡被蒙在鼓裡，員工們通常會有自己的許多不滿和看法，雖然其中有正確的，也有不正確的。所以，員工之間、員工和領導之間需要經常的交流，徵詢員工對公司發展的意見，傾聽員工提出的疑問，並針對這些意見和疑問談出自己的看法——什麼是可以接受的？什麼是不能接受的？為什麼？如果企業有困難，應該公開這些困難，同時告訴員工公司希望得到他們的幫助，要記住——紙是包不住火的，員工有權利了解真相。

授權、授權、再授權

授權是被認為在管理中最有效的激勵方法，授權意味著讓基層員工自己做出正確的決定，意味著你信任他，意味著他和你同時在承擔責任，當一個人被信任的時候，就會迸發出更多的工作熱情和創意。所以，我們建議不要每一項決策都由管理人員做出，完全可以授權的事不要自己去做，管理人員要擔當的角色是支持者和教練。

輔導員工發展個人事業

每一個員工都會有關於個人發展的想法，並且認為自己的想法是正確的。聰明的做法是為每一位員工制訂一個適合個人的發展計畫。我們在日常談話中，在評估員工業績時，應經常詢問員工，他心中的職業發展目標是什麼，並說明他們認識自己的長處和短處，制定切實可行的目標和達到目標的方法以支援員工的職業生涯計畫，然後盡力培養、扶持他們。那種不針對員工具體想法和需求，把教育和培訓一股腦地拋到員工身上的做法是不明智的。

員工參與

在實際工作中，有最好想法的人往往是那些直接參與任務執行的人。讓一線員工參與，讓員工知道老闆對他們的意見很重視。員工不希望被簡單地命令和指示，他們希望在工作中起更重要、更有意義的作用，他們渴望參與決策。當員工希望參與，卻得不到這種機會時，他們就會疏遠管理層和整個組織。如果能夠尊重員工的看法，即使最終沒有採納他們的建議，他們也會願意支持老闆的決定。

信守諾言

每天日理萬機的企業老闆可能不記得曾經無意間對什麼人許過什麼諾言，或者認為那個諾言根本不重要。但是員工卻會記住老闆曾答應他們的每一件事。作為企業的領導，任何看似細小的行為隨時都會對組織的其他人產生影響。所以要警惕這些影響，如果許下了諾言，就應該履行諾言。

如果出於某些因素，必須要改變計畫，就應該向員工解釋清楚這種變化。如果沒有或者不明確地表達變化的原因，他們會認為老闆食言，這種情況經常發生的話，員工就會失去對企業的信任，喪失信任通常會導致員工對企業缺乏忠誠。

多表彰員工

每個人都需要有成就感，它可以激勵員工的工作熱情，滿足員工的個人內在需要。所以，企業要在這方面採取一些激勵措施，增強員工的成就感。對此，業內人士總結出以下激勵的要點：

1. 把獎勵的標準公開化。要使員工了解獎勵標準和其他人獲得獎勵的原因。

2. 以公開的方式給予表揚、獎勵。表揚和獎勵如果不公開，不但失去

它本身的效果，而且會引起許多流言蜚語。

3. 擁有誠懇的獎勵態度，不要做得太過火，也不要巧言令色。

4. 注意獎勵的時效。獎勵剛剛發生的事情，而不是已經被遺忘的事情，否則會大大減弱獎勵的影響力。

允許失敗

有些員工之所以失敗，很可能是由於對企業有所創新而造成的。如果是這樣，企業老闆就要對員工有益的嘗試予以信任和支持。不要因為員工失敗就處罰他們，失敗的員工已經感受到非常屈辱了，企業應該更多地強調積極的方面，鼓勵他們繼續努力。同時，幫助他們學會在失敗中進行學習，和他們一起尋找失敗的原因，探討解決的辦法。批評或懲罰有益的嘗試，便是扼殺創新，結果是員工不願再做新的嘗試。

建立規範

建立合理的規範，對各個職位做詳細的職位職責描述，使每個員工都清楚自己應該幹什麼，向誰匯報，有什麼權利，承擔什麼責任。只有這樣，員工才會在其規定的範圍內行事。當超越規定範圍時，應要求員工在繼續進行之前得到管理層的許可。

根據財務情況來駕馭你的生意

說到財務，對於剛剛成立的企業來說，其實就是一本帳而已。但是這一本帳卻能說明很多的問題。首先是資產負債分析，其次是損益分析，再次是現金流量分析。資產負債表的編制中最重要的要算折舊方案和庫存的成本計算方法了。在資產負債表中能夠看到企業在不同時期的資產構成與資產的支持──所有者權益與負債的結構方式。在這裡，我們能夠看到資產負債比，

營運資本、流動比率、速動比率等指數。

　　財務資訊不僅僅是企業計畫的依據，也是企業自我診斷的 X 光機。從中企業可以看出資產的合理性和現金流狀況，可以預測出企業的未來盈利能力以及企業的破產風險。

　　對企業進行有效的財務管理，必須了解企業財務管理的現狀，財務管理過程中存在的主要問題，並加以改進。

對財務管理的現狀要做到心中有數

　　處於創業初期的小企業往往將管理的重點放在經營上，而忽視財務管理。企業財務管理水準如何，能否適應創業初期的管理要求，創業者必須有一個清晰的認識。

　　下面一些問題可以判斷創業初期企業的財務管理水準。企業經營一年賺了還是虧了？如果賺了，賺了多少錢？有足夠的資金保證企業的正常運轉嗎？每天清理營業款嗎？營業款與銷售單彙總數是否一致？收款是自己進行嗎？應收帳款有專門的帳簿登記嗎？倉庫請人管理嗎？盤點過庫存嗎？多長時間盤點一次？聘請過會計處理財務稅務業務嗎？賺到的錢存在銀行賺取利息，還是用來補充流動資金擴大經營？這些問題涉及企業財務管理的基本要求。上述這些問題如果處理得當，則基本能適應創業初期的管理要求；如果處理得不好，則企業財務必將是一本糊塗帳。

做好財務管理的幾點對策

　　由於受到一些條件的限制和成本因素的考量，在創業初期，企業往往對財務管理不追求高標準。但是要讓經營有條不紊地進行，讓管理產生效益，必須將財務管理的基礎工作做好，為以後經營發展和進行更高標準的管理打下良好的基礎。

一、**轉變觀念，重視財務管理**。可以說，企業在創業初期，普遍存在一個薄弱環節，就是財務管理。殊不知，這一點是限制創業初期企業繼續發展，做大做強的瓶頸。有些企業經營多年卻不見成長，甚至規模越做越小，其原因可能是多方面的，但經營者缺乏財務管理的概念，不能對資金進行有效的管理和運用，是導致這一結果的重要原因之一。企業要發展，必須轉變觀念，要重視財務管理，做好財務管理的基礎工作。

二、**加強學習，了解財務管理的基本知識和基礎法規**。只有懂得規則、懂得專業知識才能有效進行管理，避免因不懂規則而造成一些不必要的損失。銀行貸款要看現金流量表、稅務局徵稅要看納稅申報表，投資人要看資產負債表和利潤表，這些表格都是要企業負責人簽字，企業負責人是企業財務工作最終的責任人。雖然財務機構的職員能很好地處理財務事項，但作為企業經營者，至少要能看得懂這些報表。涉及的財務管理知識，少不了加強學習。

三、**多為財務管理動腦筋**。如今，社會分工已經越來越細，作為企業的投資人，個人精力和時間是有限的，一旦身陷具體的經營或管理事務，將無暇去顧及思考企業發展等問題。要把自己從日常事務中解放出來，必須考慮聘用專業的人士進行財務管理。如果沒有條件聘請專人管理，也可聘請專業諮詢機構，或與專業諮詢機構建立聯繫，保證諮詢的管道的暢通。

四、**記錄是管理的基礎，要有完備的經營業務記錄**。管理的基礎就是各種記錄，缺乏完善的記錄，將使所有的財務分析、財務決策成為空談。財務記錄的核心內容是憑證、帳簿和報表。

第一、會計報表是會計工作的最終結果。即會計報表依據會計帳簿來編制，而會計帳簿又得依據會計憑證來登記。

第二、作為經營者或投資人，看財務資料時應更關注會計報表。

第三、要特別注意的是，各種經營業務發生的原始憑證（如銷售單、出貨單等）一定得保存完整，並及時轉交會計記帳。這是一切財務工作的基礎，沒有完整的原始憑證不可能做出真實的會計報表。

第四、詳盡的帳簿可以提供每筆業務發生情況的資訊。透過帳簿記錄可以更詳細地了解各類帳戶的發生額及餘額等資訊。

五、由於企業的資產有多種不同的形態，不同的資產有不同的特徵。現金流動性強，存貨經過多種環節流轉並轉換形態，固定資產單位價值大。這些資產都是企業的核心資產，必須加強管理。

首先，單據管理要完整、要嚴密。單據要一式幾聯，並明確各聯的作用，並注意單據的連續編號。每日的銷售單與收到的銷售款項核對。

其次，職責分工要明確。不能相融的職務必須分離，如記帳、出納職位必須分離。

再次，要定期對帳。現金是企業流動性最強的一項資產，容易被擠占、挪用。出納員要經常性地進行對帳工作，包括每日結出現金日記帳餘額並與庫存現金核對相符，定期與會計核對帳目等。要嚴格執行現金突擊盤點及與銀行對帳制度，及時發現和處理問題。

最後，定期盤存。存貨是企業的又一項重要資產，占企業資產的比重往往很大，對存貨也必須加強控制，要做好存貨的入庫、保管、出庫等環節的記錄，並且要定期或不定期地盤存。至少每年度要盤點一次，做到帳實相符。

毋庸置疑，財務管理是企業管理的一項基礎性工作，也是一項非常重要的工作。在企業創業初期，做好了財務管理這項工作，將為企業的發展壯大奠定良好的基礎。這要求企業的經營者或投資者要重視財務管理工作，並持續地改進這項工作，從而使財務管理為企業創造最大化效益。

法律知識是你的「安全紅綠燈」

先來看一則由於缺乏法律常識導致經濟損失的案例：

魏治平是一位年輕的創業者，在做一個品牌服裝的代理。他有一位客戶，拿了 50,000 元錢的貨，隻手寫了一張貨款欠條，什麼合約也沒簽就走了，之後再無音信。他追到當事人居住地，要求當地派出所幫助查找這個人，被拒絕，派出所說他出示的手寫欠條不能作為法律憑證，還要再拿一個正式的律師函來才行。魏治平只好悻悻而歸。

為了 50,000 元的貨款，魏治平特地跑一趟，不僅沒有追回損失，還白費了時間和差旅費，其根本原因就在於經濟安全意識的淡薄和法律基本常識的缺乏。

創業者在經營過程中經常會遇到房屋租賃方面的問題。因為經營所需的場地較大，一般人家中沒有這麼大的房子，只有靠租賃才能解決，而如果不懂法律，在簽租賃合約時就最容易被別人騙了。

作為創業者，一定得做好和各種各樣的人發生法律關係的準備。如銷售時和消費者形成法律關係；進貨時和上游廠家形成法律關係；接受相關部門管理時，和相關部門形成法律關係，而這些法律關係中存在的不合理和不合法之處，很多時候不會馬上暴露出來，一旦爆發，對創業者經營帶來的負面影響不會小，而這時再來解決就被動了。

儘管政府相關部門對創業都很扶持，其中也包括一些免費的法律援助和諮詢，但要提高合法創業意識，還要靠創業者的自覺性，創業者要有意識地學習和經營有關的法律條文。

特別是有些創業者，在生意做大之後，需要和別人合資或聯營，這時涉及法律問題會更複雜，如果實在是生意忙而顧不上，可以聘請一位法律顧

問，花小錢避免損失大錢還是值得的。

　　所以說，在開始創業前，創業者必需了解一些基本法律知識，這樣才能正確地解決創業中所涉及的法律問題。

　　當企業設立後，經營者需要進行稅務登記，需要會計人員處理財務，這其中涉及稅法和財務制度，你要了解企業需要繳納哪些稅？營業稅、增值稅、所得稅等等。你還要了解哪些支出可以進成本，創辦費、遞延資產怎麼攤銷等等。

　　此外，由於要聘用員工，這其中涉及勞動法和社會保險問題，你要了解勞動合約、試用期、服務期、商業祕密、競業限制、工傷、勞退金、健保費、勞保費等諸多規定。

　　最後，經營者還需要處理智慧財產權問題，既不能侵犯別人的智慧財產權，又要建立自己的智慧財產權保護體系，你需要了解著作權、商標、功能變數名稱、商號、專利、技術祕密等各自的保護方法。

　　在企業實際運作中還會遇到大量法律問題。當然創業者只需要對這些問題有一些基本的了解，專業問題須由律師去做。

　　就在開始營業之前，你必須去了解所有與商業法規相關條文規定、執照或許可證申請的細節與表格。切記一點，各地方政府對營利事業單位的規定可能有所差異，因此別忘了詢問在你工作室或辦公室所在縣市區域內，有哪些是該特別注意的法律規範條文。通常，你可以在各地的中小企業協會或商會取得這些資訊；同時，別忘了留意營業執照相關申請規定及辦法。

開業的時機：在對的時間做對的事

　　開業當然要挑選良辰吉日，同時，開業慶典選擇時間應考慮下面的因素。

1. 關注天氣預報，提前上網查近期天氣情況。選擇陽光明媚的良辰吉日。天氣晴好，更多的人才會走出家門，走上街頭，參加典禮活動。

2. 要根據營業場所的裝修情況，各種配套設施的完工情況，水電等硬體設施建設等確定開業時間，避免出現現場準備不充分等「意外」情況。

3. 如果邀請的客人中有重要的嘉賓或官員，最好選在其能夠參加的時間，同時也要選擇大多數目標民眾能夠參加的時間。這樣才能達到慶典的預期目的。

4. 要考慮目標消費群體的消費心理和習慣，善於利用節假日傳播組織資訊。比如各種傳統的節日、國外的節日、或結婚較多的日子。藉機發揮，大造聲勢，激勵消費欲望。

如果參加開業活動的主要群體是外賓，則更要應注意各國不同節日的不同風俗習慣、審美趨向，切不可在外賓忌諱的日子裡舉辦開業典禮。

此外，開業活動還要考慮周圍居民的生活習慣，避免因過早或過晚而擾民，一般安排在上午 9：00 ～ 11：00 之間比較恰當。

值得一提的是，有一個很「現實」的問題。許多創業者在開張營業時注意選擇個吉利的日子，卻忽略了開業日期和繳稅額的密切關係，更沒想到選好開業日期也能節稅。

根據稅務師介紹，新辦高新技術企業、諮詢企業、資源綜合利用企業等，做好開業日期的稅收籌畫，可以有效降低企業稅收成本，獲得更多的稅後收益。

第五篇
蒸蒸日上的行銷祕笈

能否把行銷做好，將直接關係到現代企業的生死存亡。對於創業階段的企業來講，兩年盈利現象一直備受關注。絕大多數企業都是在兩年之內盈利，它的反例就是兩年如果不能盈利的企業很有可能被淘汰掉，這與創業者的忍受力和資金限度是有關係的。創業者要想實現更好的發展，前兩年能夠實現盈利是很關鍵的。換言之，只有做好了行銷工作，才能夠實現「限期」內的盈利，才能夠使企業繼續生存和持續發展。

好的「口碑」能叫客戶來找你

　　說到行銷，每個人都會很自然地和廣告連結起來，都知道現在的電視廣告很好看，但是因為一種習慣認識，人們都有一種「心理慣性」 —— 廣告就是廣告，真想買什麼東西，還是多少有些信不過，需要找朋友諮詢一下，或者去上網查查資料。

　　所以，儘管電視廣告的費用高不可攀，小資創業者也完全沒有必要感到沮喪，因為每天無處不在的海量廣告資訊，吸引眼球容易，想吸引客戶掏錢，已經是越來越難了。

　　一方面是廣告投入帶來良好的銷售效果，一方面又是創業伊始需要量入為出的預算安排，的確很叫人頭疼。其實，作為小資創業者，完全可以透過尋找新創意，從而用省錢、有效的方式影響客戶。而「口碑」就是其中的一種方式。

　　早就有說法：金盃銀盃不如口碑。靠「口碑」宣傳也並不是什麼新的途徑，實際上在我們身邊隨時都在發生，因為人們每天會就很多問題進行交談，其中也包括他們購買和消費的產品或服務。

　　既然是無意間說起來，而不是「別有用心」的推銷，也就不具有「赤裸裸」的廣告目的性了。但往往越是這樣的談話，越能使人對談到的事情有更深層的印象，因為人們往往更相信親耳聽到的評價，特別是，說話的人還是自己的家人、朋友、同事，這些人他們比較了解，講話比較「客觀、實在」。

　　所謂一傳十，十傳百，口碑之所以能成為強大的行銷工具，相當程度上是緣於它所具有的「病毒式行銷效應」。人們喜歡交談，不管是講自己的故事還是講別人的故事。據一份調查統計顯示，一個對產品或服務有「滿意度」的消費者，會把感受告訴至少 5 個朋友；而如果不滿意，他會告訴至少 10

個消費者。

依此類推，呈幾何級數速度傳播，最終在很短的時間內擁有大量聽眾。這就是口碑的魅力所在。

古人說，防民之口甚於防川。其實創業者不妨試著反過來利用這句話，讓口碑強大的力量來傳播自己的產品，以促進行銷。

根據傳播學的研究，一次口碑宣傳所產生的廣告記憶度，可以是傳統電視廣告所產生的廣告記憶度的 40 倍，因為口碑的重點更突出，而且是在更私人的層面與消費者進行接觸。雖然一次常見的口碑行銷對消費者的覆蓋面遠不及中央電視臺播放的廣告，前者千人成本是後者的 10 ～ 15 倍之多，但在實現「知曉」之外，就廣告記憶度及行銷所構建的品牌偏好而言，口碑行銷的成本卻要低很多。與電視廣告相比，口碑行銷的規模也小很多，對於小資創業這來說，在預算緊張的時候不失為一個好選擇。

那麼，該怎樣進行口碑行銷，並以此來影響消費者呢？

用故事做載體

中國有句古話：言之無文，行而不遠。口碑行銷要想成功，就必須具有「傳播性」。換句話說，必須有一個原因讓人們願意去「傳播這個故事」。它可以是有趣的、感人的、有爭議的，甚至可以是一個笑話。但最重要的是，它必須能夠傳遞一個正面資訊，並且是消費者自己傳遞的。商家應該準備一個故事梗概，並且讓消費者在故事中加入自己的體驗和經歷，使它成為消費者自己的故事。比如，對於一家花店來說，女主人如果用玫瑰促成了一對戀人，這樣的故事裡，店主的愛心和服務也就隨之推廣出去了。而很多影片網站上傳播的所謂「記錄式」偷拍，也一再被證明，是用心良苦的策劃。

借普通人的嘴

除了請明星代言，很多大公司也喜歡用那些被認為對產品有很多相關知識的「專家」來說明促銷產品。但是，由於各類產品方面的「真假專家」已越來越被人牴觸，這種類型的口碑宣傳通常也不會走很遠。而如果換做普通使用者來推廣，成功率會高很多，因為，一個願意為你「免費」介紹的普通人，很可能就是你有所針對的細分群體，能夠確保資訊到達目標消費群體。也許，一份物美價廉的盒飯，只用兩天時間就能夠在某座辦公室裡人人皆知，比一張「成龍代言」的大海報還有效果。

注意聽「回聲」

一旦消費者開始使用某種產品或服務，他們就會不可避免地有回饋。收集他們的回饋，並據此改進產品或服務，是強化口碑宣傳的另一種最佳方法。

衡量效果

與其他任何一種行銷措施相同，對於口碑行銷我們也要準確地衡量其效果。雖然像改善首要知曉度等比較傳統的行銷標準可能有用，我們也應該考慮那些能夠具體反映口碑行銷效果的指標。這既包括行銷所創造的口碑聯繫或網頁登錄數量等定量標準，也包括人們在部落格中的評論及主要關注點等定性因素。

與其他手段相結合

在一個產品生命週期的任何一個階段，都可以使用口碑行銷的方式。對於配合新產品的推出而言，它是一種節省成本的方法，特別是在預算有限的情況下。商家可以收集在產品試推出期間的口碑宣傳回饋，然後在正式推出

產品或服務之前進行相應調整。

　　比如一家美容院，可以在報紙上做廣告，維持並提高消費者對品牌的知曉度；而公司網站提供產品資訊，並為新加入的會員派送產品試用裝；同時，還可以成立客戶俱樂部，為會員提供有關美容方面的建議，提高消費者忠誠度；俱樂部的會員之後成為品牌的主要宣傳大使，在親朋好友中進行口碑宣傳。

　　雖然傳統的行銷方法不會被口碑行銷所取代，但不得不承認，越來越多的人已經開始意識到「口碑」是一個節省成本的強大行銷工具。透過口碑行銷，企業超越了傳統的廣告形式，建立起一個真實的回饋環節，從而與消費者進行真正的雙向溝通。不過有一點要記住：它只適用於那些對消費者來說真正有用的產品和服務。

正確評估和把握市場機遇

　　能夠正確評估並把握市場機遇的能力，已經成為小企業參與市場競爭的必要條件。而對於一位目光敏銳的創業者來說，市場機會隨時都可能出現。但是，並不是所有的市場機會都是通向成功與財富的康莊大道，相反，許多時候，一個看似前景遠大的市場機會背後，往往隱藏著危險的陷阱。毫無經驗的創業者，如果僅憑激情行事，匆忙做出決定，就很容易誤入歧途，掉進失敗的泥沼中無法自拔。

　　所以，當發現市場機會後，能夠以冷靜的態度進行客觀的評估，以理性的方式來決定下一步的行動，是一名優秀的創業者所必須具備的能力。

　　說到這裡，可能有人會想到多如牛毛的商業教科書。可是商業教科書中的市場機會評估，是嚴謹而乏味的。充滿激情的創業者們，往往沒有足夠的精力和耐性去照本宣科。儘管如此，也沒有關係，我們可以儘量採用簡化和

較為輕鬆的方式來進行這項工作，譬如說用問答來代替枯燥的商業表格。

實際上，所謂市場機會評估，說白了就是要回答「這件事是否值得我來做？」這個問題。

這件事是否值得我來做，其實包含了兩層疑問，第一個，是這件事究竟有多大的利益空間，是稍縱即逝，還是可持續可發展？而第二個疑問，應該是創業者求諸自身的，我能不能做得來？也就是說，這個機會，有沒有利潤？這個利潤，我能不能拿到？這兩點就是一切市場機會評估的核心內容。

和以前進行創業項目分析一樣，市場機會評估的首要任務，是對市場的了解與把握。哪些人是目標客戶？他們的需求理由是什麼？他們會為了這種需求付出多高的價格？一旦把這些問題搞清楚，創業者就不會陷入盲目的、一廂情願的樂觀情緒中去，不會被虛幻的市場前景衝昏頭腦。此外，還需要對市場的容量和增長速度做出評估 —— 這個市場有多大？實際產生的效益是多少？如果我現在加入，能拿到多少的份額？

凡此種種，要想獲得準確的資料，一些市場調查工作是必不可少的。經驗和猜測並不可靠，只有被事實證明了的資料才是真正有用的。

在上述一系列工作完成之後，創業者對於市場需求應該已經有了一個初步的把握。如果我們已經證明，這部分市場的需求是真實存在的，並且其規模大到足以讓我們採取行動的話，那麼我們接下來的工作就是對競爭狀況進行評估。

許多創業者都會犯這樣的錯誤，認為自己的創意或者技術是獨一無二的，因此就不存在競爭，進而忽略了競爭分析的重要性。

事實上，除了極少數的壟斷性產業外，世界上不存在沒有競爭的生意。即使競爭者暫時沒有出現，也不代表以後不會出現。因此，對來自於競爭者的威脅做出客觀準確的評估是非常重要的一件事。

誰是你的競爭對手？那些已經出現在市場上，正在開展業務的競爭者當然是你的競爭對手；另外，也要考慮到那些潛在的競爭對手，即在未來有可能與你競爭的是哪些人？理論上，任何人都可能成為你的競爭者；但是事實上，只有掌握相關資源、與目標市場有一定的聯繫的企業才是最重要的潛在競爭對手。要分析在相關領域中，有哪些企業有可能把觸角伸展到你的領域中來。

對於競爭者的分析可以用三個要素來概括：對手強在哪裡？對手弱在哪裡？我能採取的改善措施是什麼？

首先，我們先看第一個問題：競爭者的優勢在哪些方面？譬如說規模、研發能力、行銷管道、品牌知名度等。對此，我們要客觀地看待對方的長處，切不可自欺欺人，認為自己什麼都比別人厲害。只有認清了對方的優勢，才有可能揚長避短，採取合適的對策。

其次，我們要考慮到競爭者的不足之處。譬如說經驗不足、研發能力差勁、生產成本過高、沒有好的銷售人員等。看到別人劣勢的同時，也應該儘早反省自己，看自己是否也有相同的問題。找到競爭者的軟肋，就有可能直搗要害，戰勝競爭對手。

最後，就是我們該採取什麼策略，如何戰勝對手。要給出切實可行的方針和對策，空泛的口號是沒有用處的。以花店為例，有效的對策是，你的鮮花品種多、價格低、包裝精美、還贈送卡片等等。

以客觀的眼光來進行競爭評估，有一個問題就出現了：對於某些競爭者，你無論如何都不可能戰勝 —— 無論採取哪種策略，你都沒有取勝的把握。

這應該是一種很讓人沮喪的情況，但這的確有可能出現的。這時，你的出路有兩條：或者放棄一部分業務，繞開競爭；或者尋求新的外部資源，增強你的競爭能力。無論如何，無視於威脅的存在是愚蠢的，也是不可能有

好結果的。創業者一定要有勇氣面對難題才行。

　　決定要抓住機遇，風險評估也是不可少的。對風險的評估和控制是一門非常高深和繁雜的學科，對於創業者來說，要進行規範化的風險評估是有一定困難的。但是，作為創業者，頭腦中一定要有風險意識。也就是說，要能夠分析並且認清每一個決策背後的潛在風險所在，並且選擇最合適的方式加以規避和控制。

　　風險評估說白了，就是要回答：「這件事有可能壞在哪些地方？」以及「最壞能壞到什麼程度？」這樣兩個問題。

　　有些創業者就有個好習慣，喜歡找一個人來給自己「潑冷水」，對方對自己的創意和思路越刻薄、越雞蛋裡挑骨頭，自己出現錯誤的可能性就會越小，越可能發現潛在的問題。如果花店的店主被人提醒，可能出現大學生沿街賣玫瑰的情況，那麼在進貨時，數量上的取捨就多了一條參考因素。這是最簡單的風險評估和控制的觀念。

　　創業者的靈光一現，只有經過了「是不是機遇、有沒有困難、怕不怕風險」的問題考驗，才能具備足夠的價值和依據來進行進一步的行動。

　　因此，儘早的確立市場機會評估的意識，掌握相關的方法和技巧，對於創業者的事業發展會很有幫助。

與時俱進的市場開發和服務意識

　　創業者經過分析評估，確認自己找到了機遇，並且「入市」成功，也不是一勞永逸的，市場的情況翻雲覆雨瞬息萬變，必須要時刻保持與時俱進的市場開發和服務意識。

　　對於小資創業來說，創業之初，怎麼樣的準備都逃不開做小字輩的階段。有人把這樣的公司戲稱為「八無」，也就是無優勢、無資金、無經驗、無

人才、無廠房、無設備、無市場、無知名度。如此尷尬的境況，怎麼辦？

　　創業初期，對手的強大是客觀存在、可以預料的。既然正面的競爭沒實力，也沒優勢，可以發揮靈活機動的策略戰術，打得贏就打，打不贏就撤，見縫插針，有利就上，發揮「小、快、靈」的優勢，先站穩腳跟求生存，再抓住機遇求發展！

　　2016 年 7 月，武強大學畢業。根據自己的專業所長，他開始了第一次創業。項目是設計、製作純牛皮的手工皮具，設計風格以中華傳統文化為基調，輔以原始、粗獷的表達形式。「當時，我對市場的了解並不深入。大約經歷了一年的創業，深刻感覺到自己在設計、材料、製作、管理等方面的不足，後又迫於資金壓力，我的第一次創業宣告失敗。」

　　此後的兩年多時間裡，武強開始從事裝飾施工和平面設計工作。「在這幾年的工作中，我獲得了很大的收穫，鍛鍊了自身能力，積累了社會經驗，了解了消費市場。我終於明白過來，如果想讓別人真正接受我的東西，那我必須能做出真正有特點、有個性、有競爭力的設計」。「我非常喜歡中華傳統文化，喜歡中國的非物質文化遺產。從上大學到現在，我一直比較注重蒐集、整理中國非物質文化遺產的相關資料，希望在以後的設計中能有所體現，同時也是在保護和傳播中國的傳統文化、中國的非物質文化遺產。」

　　武強發現哈韓、哈日、哈美的華人對傳統文化的資訊與符號「其實很接受」。「儘管他們不知道五行相生相剋的關係，不知道歷朝歷代代表性紋樣及寓意，甚至不知道相當多的傳統手工藝，但這種帶有強烈文化色彩的設計卻是吸引他們的重要原因。」

　　按照這樣的想法，武強利用設計特長和對中國傳統文化的了解，開發、設計了很多帶有中國傳統文化特色的個性創意產品，如玩具、箱包、服裝、飾品、雕塑、工藝品、禮品、裝飾品、家居用品等。「我正式組了一個名為

『羊在魚』的創意產品設計團隊。開始的時候，只有 3 個人，後來陸續有一些同學、朋友和在校學生加入，現在我們團隊裡有平面設計、裝飾設計、服裝設計、工業設計、純繪畫藝術等專業的人士，大家各展所長，共同打造著『羊在魚』品牌的每一件作品。」

要結合市場需求進行創意，而不是創意自我需求。不是自己想怎樣就怎樣。要有長期打持久戰的心理準備，最好結合自身的專業和擅長，整合自身資源，大膽嘗試。

在此，需要提醒的一點就是，不要被別人意見所左右。切忌人云亦云，左右搖擺，認認真真走自己的路，對外界的風言風語不去理會，別人說三道四自然不用認真，尤其是那些只說不幹的人更不要當回事。商場如戰場，經營中策略戰術要保密，不否認有些人會透過故意刺激你的方式「逼」你說出相關祕密，這點要十分謹慎。

我們心中始終要謹記：小企業生存在複雜多變的環境之中，經營著不斷升級換代或新陳代謝的產品，準備好變革是生存的第一要素。而在不斷的變革中，永遠不要忘記管理好資訊，因為這是你控制資源的紐帶。

不可否認，要想適應市場的變化，資訊的把握至關重要，可以說它是決策的唯一根據。如果說管理是人的神經系統的話，那麼資訊就是外部和內部提供給資訊系統的刺激。沒有了刺激，不但神經系統不會對內部與外部變化做出反應，而且還會使得神經系統在荒廢中退化。企業的管理就是這樣，沒有資訊的刺激，企業的管理將變得一塌糊塗，直到毀掉管理系統和企業。

那麼資訊包含哪些內容呢？

首先，是市場訊息。市場訊息是最主要的外部資訊。我們在企業的初期經營中，一般的銷售管理都是見單供貨。很少想過去做市場調查。為什麼呢？一方面當然是成本了；另一方面，對市場調查的生疏和溝通能力的欠缺

也是主要的障礙。

其次，是人力資源資訊。掌握人力資源資訊是企業決策中最關鍵的因素。所以，作為一個決策者，清楚自己手下有什麼樣的人才和人才之間的結構狀況至關重要。

另外，在現今的競爭環境中，組建學習型團隊也是成敗的關鍵。而學習型團隊構建的關鍵在於把握人才的個性、層次性、互補性和共性等資訊。同時，為了能夠給合理調配人員、職位的任命和團隊的組織等提供依據，要綜合評價每個員工的能力和職業素養以及行為方式。不僅如此，對團隊合作情況以及內部衝突等資訊也要適度把握，在目標管理的框架下，透過越級溝通方式獲取第一手資料，以便為經營決策或人事決策提供有價值的依據。

細分市場和節日商機

也許是市場變化太快，也許是競爭的日趨激烈，著眼於企業未來的發展，很多企業將目光盯上了細分市場。

常識告訴我們：市場領先者享有得天獨厚的優勢。如果你不是市場領先者，你該怎麼做？如果你的公司很小，要如何成為領先者呢？

在這種情況下，你就必須將自己面向的市場界定得非常狹窄，比如，聚焦於女性而不是男女兼顧，或者聚焦於年輕女性、受教育程度較高的年輕女性、受教育程度較高的台北年輕女性或在重要商圈受教育程度較高的台北年輕女性。

其實，要想成為市場領先者，訣竅並不複雜：你必須有足夠的勇氣，致力於面向 10% 的市場，並在其中占據 100% 的份額，而不是面向 100% 的市場，卻只在其中占據 10% 的份額。之所以在這裡使用了「勇氣」這個詞，是因為很多企業常常患得患失，不願放棄任何一塊市場。

　　然而實際上，如果你將目標鎖定於非常明確的市場消費群體，你就能將力量大規模地集中投入於某個方面，而不是零落地分散到每一處。簡而言之，如果你無法透過銷售額獲得市場領先地位，那就必須借助於市場界定來實現它。換言之，你必須創造和開發自己的細分市場。

　　事實上，透過將自己所面向的市場界定得更加狹窄來成為領先者，這樣做甚至可能令你超越現有的比你規模大得多的經營者，獲得更大的優勢。

　　如此一來，那些規模較小的經營者可以取市場之精華，尋求增長更為迅速、發展更加旺盛的細分市場。而規模較大的經營者則可能陷在最不具吸引力的那塊市場中無法自拔。

　　不管對於哪一類型的經營者，要想在自己所選擇的細分市場中成為領先者，最保險的方法就是創造一個新的細分市場。能夠創造並聚焦於恰當的細分市場，這種能力已變得比以往任何時候都更加重要。

　　經常會有這樣的實例在我們周圍發生，一個公司發明了一種新產品，但該產品的市場卻是由另一個公司創造的。微型客貨車是大眾發明的，但為微型客貨車創造了郊區家庭主婦市場的卻是克萊斯勒。低卡路里啤酒不是米勒公司發明的，但它卻為自己的「淡啤」創造了雅皮市場。而 IBM 和微軟則為個人電腦創造了成人和辦公市場。戴爾從未發明出品質更加優越的電腦或相關軟硬體，但它創造了更好的銷售和服務方式。

　　由此看來，市場細分或「創造細分市場」是一個創造性的過程。創造細分市場實際上就是找到細分市場的方式。其他身體護理用品的市場都成功地按性別細分了，為什麼牙膏就沒有男女之分？因為還沒有人找到這樣做的方法。當我們說到公司中的發明、創新和研發時，我們應該記住，也要把思想和創造力投諸在新市場和細分市場的創造上。

　　創造細分市場的可能性幾乎是無窮的。在此，以維生素市場為例。

我們能想到哪些細分市場？

兒童、老人、嬰兒、男性、女性、孕婦、更年期婦女、正在節食的女性、健身者、需要保持清醒的卡車司機、大家庭、感冒患者、吸菸者、倒班的工人、旅行者、需要倒時差的旅行者、寵物、貓、狗、小狗、老狗、鳥、醫院、監獄、護理中心、麥片生產商、軟性飲料生產商、麵包生產商、化妝品公司、便利店、寵物商店、酒吧等等。

可以說，市場細分是無限的。獲得市場領先地位的祕訣非常簡單：集中精力面向 10% 的市場，並在其中占據 100% 的份額。那麼要面向哪個 10% 的市場呢？最好的辦法就是創造自己的市場。

除了細分市場，節日商機對創業者來說也是至關重要的。現在，商家都知道抓住商機，充分利用各種東西方節日，將客戶的錢「掏」到自己的口袋裡。

春節是一年一度的消費高峰期，同時也是賺錢的黃金季節。春節前後短短的十幾天時間裡，從吃、穿、住、行、遊等各個方面，都可以看出節日經濟中蘊藏著大量商機。創業者只要動動腦筋，就能抓住這些淘金機會。

一位創業者有這樣一個「經商哲學」，那就是「『土節』不放過，『洋節』別錯過」。他開的是一家便利商店，在遇上有「洋節」和「土節」的日子，他總是根據客人的需求，無論是「洋節」或者「土節」商品，一律備足，促銷的點子，也備上兩套。按他的話說，韓信點兵，多多益善，進門都是客，有什麼理由不想辦法「掏」客人的錢包？他就是按照這個思路，幾年的「土節」、「洋節」下來，照單全收，左右逢源。

雖然近幾年「洋節」大有後來居上之勢，城市年輕人更是熱衷追逐「洋節」，但這並不妨礙我們過傳統的節日，「土節」一樣蘊藏巨大商機，如元宵節，可以將湯圓之類的商品推銷出去，甚至還可以進行聯想，運用發散思維

的方式，與其他商品一起「捆綁」推銷，也同樣能賺錢。有一些精明的商家，在沒有什麼節日時，自己創造一些節日 —— 空調節、冰箱節等，也是一樣很成功。何況，傳統的節日都有很深的文化內涵，蘊含商機無限。

每一個節日，都有它的不同內涵，只不過你可能不太了解，便片面認為我們的傳統節日最大的賣點似乎都是以吃為主。其實中國的傳統節日有著悠久的歷史，若能隨著時代的發展注入現代人所需的內涵，那麼憑藉天時、地利、人和，我們傳統節日的人氣定會大增。

如何去發現節日中的商機？可以按照下面的思路進行參考 ——

節日角度：聖誕、元旦、情人節、春節、元宵、婦幼節、母親節、父親節……

年齡角度：兒童節、青年節、重陽節……

職業角度：學生、受薪階級、富豪等

性別角度：男、女

情感角度：愛情、親情、友情、商業送禮等

購買者角度：個人購買、公司購買

城鄉角度：城市到鄉村、鄉村到城市、城市到城市、鄉村到鄉村

以及各地風俗角度等等。

只要經營者能夠充分發揮自己的想像力，不斷完善自己的清單。在這無數的組合中或許就有可以發揮的空間。

不能掉以輕心的成本核算

任何一家企業，在創業之初，能夠生存下來是最緊要最直接的目標。每個創業者，都會衡量兜裡的錢究竟能存活多少天。所以，對創業者而言，首要一條是要學會平衡現金流，否則將是死路一條。大多數成功創業的公司，

都走過了一個嚴格的成本控制過程。採用各種方法，在日常費用、設備採購、人員薪資、行銷推廣等各個環節節約一切成本。

比如在創業初期，多數企業是沒有足夠的資金去聘請最適合的人才的。但生存就要開拓業務，可以採用變通的方式，大規模地使用實習生，不斷培養培訓他們。現在除了極少數名牌大學的畢業生比較吃香外，普通高校的畢業生就業十分困難。新創業公司不妨聘用這些剛畢業的大學生來降低經營成本。

小本創業，許多情況不能大手大腳，要精打細算。

毋庸置疑，經營一家店鋪的目的是獲利。但對於一位日理萬機、雜務纏身的經營者而言，你對當日、本月的利潤能做到心中有數嗎？「營業額 - 成本 - 費用 = 利潤」是每個商店獲利的基本公式，增加營業額是開源的手段，成本與費用是對節流各環節的控制，制定一套最佳開源與節流的合理控制方法，二者結合才可謂經營。

以下對「成本」這一環節提供開店經驗：

首先，找出與成本相關的各項相關因素。將店中所有會影響成本的因素，逐條細細列出。再與有關人員等共思良策，並堅持成本核算法進行管理。

其次，制定標準調理手冊。

再者，建立良好的庫存管理。

第四，多看、多聽、多比較。

所謂貨比三家不吃虧，更何況經營者本身更應該了解同行的競爭形勢，要到外面多看、多聽、多比較，將其他對手的相關商品削價、折價讓利等促銷方法挪用在自己店內，成本自然可降低。

此外，要引入激勵、獎懲制度。

　　當發現員工有被動性工作的傾向時，哪怕只是一點苗頭，也應及時頒佈激勵和獎懲條例，如對超額完成工作的員工可給予獎勵；對完成艱巨任務或有突出貢獻者，可予以禮券、休假的形式予以褒獎；而對於未完成定額任務者，可談話教育，直到扣發資金等，總之，恩威並施，「胡蘿蔔加棒子」，可以獲得很好的效果。

　　最後，要善於向同行學習。

　　這種方法對於連鎖店產業較為適用。創業者可能會透過總部召開會議、聯誼活動等形式，獲得其他分店的銷售資料，並交流經驗。當然必須是總部經營數位透明化的條件下，透過這種方式可以清楚地知道其他分店是如何合理控製成本，進而取長補短地讓自己獲取更大的利益。

　　創業不易，守成更難，舉凡能為企業增加利潤的任何一條規章制度，都必須嚴格遵守，不容坐視不見。

附：計算商舖投資收益率的方法

方法一：租金回報率分析法

　　公式：（稅後月租金 - 每月管理費）×12/ 購買房屋總價

　　這種方法算出的比值越大，就表明越值得投資。

　　優點：考慮了租金、房價及兩種因素的相對關係，是選擇「績優地產」的簡捷方法。

　　弊病：沒有考慮全部的投入與產出，沒有考慮資金的時間成本，因此不能作為投資分析的全面依據。對貸款付款不能提供具體的分析。

方法二：租金回報率法

　　公式：（稅後月租金 - 貸款月付額）×12/（首預售屋款＋預售屋時間內的貸款）

優點：考慮了租金、價格和前期的主要投入，比租金回報率分析法適用範圍更廣，可估算資金回收期的長短。

弊病：未考慮前期的其他投入、資金的時間效應。不能解決多套投資的現金分析問題。且由於其固有的片面性，不能作為理想的投資分析工具。

方法三：IRR 法（內部收益率法）

房產投資公式為：IRR ＝累計總收益 / 累計總投入＝月租金 × 投資期內的累計出租月數 /（貸款首預售屋款＋保險費＋契稅＋大修基金＋傢俱等其他投入＋累計貸款款＋累計物業管理費）

上述公式以貸款為例；未考慮付息、未考慮仲介費支出；累計收益、投入均考慮在投資期範圍內。

優點：IRR 法考慮了投資期內的所有投入與收益、現金流等各方面因素。可以與租金回報率結合使用。IRR 收益率可理解為存銀行，只不過銀行利率按單利計算，而 IRR 則是按複利計算。

缺點：透過計算 IRR 判斷物業的投資價值都是以今天的資料為依據推斷未來。而未來租金的漲跌是個未知數。

此外，國際上專業理財公司評估一處物業的投資價值的簡單方法是：

如果該物業的年收益額 ×15 年，大於或等於房產購買總價，則認為該物業物有所值。

打造自己的誠信形象也需要技巧

對創業者來說，要實現持續生存發展，「讓客戶滿意」的思想還遠遠不夠。現在普遍流行的客戶滿意策略，只能算是企業維持暫時的利潤生存，實際上是企業乞求客戶支援，而「乞求式」的行銷觀念是不能維持多久的，真

正意義上的客戶導向思想應該是讓客戶發自內心地長久選擇企業，就是「讓客戶願意」。

從心理上分析，客戶滿意體現的是對產品、服務的滿足感，滿意的是創業者的產品而非創業者；而客戶願意體現的是對創業者自身品牌、信譽、形象的高度肯定與評價，「願意」代表了客戶再次選擇該產品的態度，是誠信為核心的良性循環。

老張原來是某建築公司的木工，失業後，他便憑著自己的本事吃飯，開始做起家庭裝修，由於他做工細緻、品質可靠、收費低廉，接的活兒越來越多，後來組建了裝修工作室。就在時下人們紛紛痛斥裝修的種種不是的情況下，老張經常是裝修完一家，就有另外幾家在等著他。經過幾年的努力，老張現在已經擁有了一家規模不算小的裝潢公司，在業界和客戶中也有了一定的知名度，生意越做越大。

老張之所以能夠把生意做到這個程度，靠的就是「誠信」二字。在裝修過程中，工人出了一點小小的差錯，外行人未必看得出，可他發現後卻從不馬虎，會立即讓工人重做，自己賠上材料費。他相信自己的裝修品質，所以，他勇於有約在先，裝修後負責保固。有時問題並非出在品質上，可只要客戶向他打個招呼，他都會在力所能及的範圍內幫忙，而且他的收費在同產業中較為公道，從來不像其他人那樣漫天要價。

老張深有感觸地說，自己是小本經營，不可能花錢做廣告，更不可能靠送禮行賄攬活，那麼就要靠誠信，靠大家介紹，這就需要有良好的口碑。

現在，隨著創業的門檻越來越低，小本創業者也越來越多。其中不難發現，有些人片面地認為「誠信」二字只適應於大企業，對於小本創業來講，只要能把錢賺進口袋就是屬害，便做起了坑蒙拐騙的「一單式買賣」，甚至為了避免讓別人找到，三天兩頭換手機號碼。於是乎，生意的路越走越窄，很

快走進了死胡同。

其實，小本創業同樣需要誠信，甚至更需要講誠信，誠信是最好的金字招牌，它會使你的生意日益興隆。當然，誠信不是靠嘴巴吹出來的，而是靠踏踏實實的工作來體現的。

說到底，如何讓客戶相信自己，確實是一門學問，有時不只是自己是否誠實、對方是否信任的問題，技巧也是重要的。我們講誠信，並不是指有什麼就說什麼，毫無顧忌，毫無保留，甚至連商業機密和人情隱私也透露給對方。

回頭客是上帝中的上帝

「顧客是上帝」這句話早已被所有的企業奉為圭臬。無疑，顧客是企業產品的購買者，是企業賴以生存和發展的「衣食父母」。如果顧客成為了同一企業的多次消費客戶，那麼我們就將其稱為回頭客。據相關權威資料統計，老客戶所產生的銷量是新客戶的 15 倍以上。老客戶對於店面與品牌已經了解熟悉，信賴店面，忠誠度高。老客戶透過口碑宣傳會影響其周邊的消費群體，這樣店面及品牌就可以得到穩定的成長，利潤也就會穩定增長。另外開發一個新客戶的成本是維護一個老客戶的 5 倍左右。因此可以這樣說，回頭客，或者說老顧客堪稱「上帝中的上帝」了。

既然回頭客帶來的利潤如此可觀，那麼小企業又有什麼辦法可以讓自己擁有一定數量的回頭客呢？

有必要為你的企業植入一種客戶服務文化

作為經營者，要記住自己就是榜樣，如果老闆不去身體力行，那麼光把員工送去參加客戶服務培訓不會造成理想的效果。要從自身做起，建立一種

畢恭畢敬對待客戶的觀念。教習員工如果出現了什麼問題，他們應先假定差錯出在公司自身，而非推到客戶身上。制定積極主動的政策，讓客戶了解他們的訂單是否出現了問題，不要等到最後一分鐘才告訴客戶。在員工會議上對客戶滿意度加以討論，給出好的和壞的實例。要反覆提醒員工你對客戶服務的關注。要徵求客戶回饋意見，並將客戶滿意度變成員工業績評估的一部分。明確相應的期望值和最低客戶服務水準，並具體到位。比如，來訪客人必須在 30 秒內迎候，來電應在兩聲鈴響內接聽等等。

客戶不滿意怎麼辦？

在對於客戶不滿意的化解方面，大中小型企業均有不同的方式。面對不滿意客戶，中小企業可以參照以下 6 個步驟進行服務康復工作：

第一步，對於給客戶所經歷的不便事實進行誠懇的道歉。其實，一句簡單的道歉語花費不了什麼，但這是留得客戶忠誠、贏得客戶好感的強有力的第一步。當然，在向客戶表示道歉時，最好採取自我道歉語言，因為這遠比機械式的標準道歉語效果更好。

第二步，認真傾聽、移情，問一些開端問題。通常情況下，情緒不好的客戶會樂於尋找一位元對其遭遇表示出真實情感的「忠實」聽眾。

第三步，給所造成的問題提出公平的化解方案。一旦員工對問題採取了情感性的回應，他們就要從基本問題著手進行處理。在這個階段，客戶必須感覺到員工有處理問題的權力和技能。客戶要求的是行動，而非僅僅是幾句空話。

第四步，對於給客戶造成的傷害進行補償。客戶會對那些表示出真誠歉意的、合理的姿態感到滿足。

第五步，遵守給客戶的承諾。許多客戶會懷疑你的服務承諾，他們可能覺得員工只是想讓他們掛斷電話。因此，在承諾之前，要確信你可以交付給

客戶所承諾的東西，否則，就不要許諾。

第六步，要採取跟進行動。客戶往往對於企業的客戶代表或銷售代表的跟進行動印象深刻。同時，假如客戶第一次的購買結果不能讓客戶滿意的話，跟進行動還可以給予企業第二次機會。

你了解客戶購買後的心理變化嗎？

如果能夠把握好行銷後採購週期的 4 個階段，將有助於促使客戶再次消費。

有些企業為了吸引潛在客戶，當客戶在經歷採購決策的 4 個典型過程（認識了解、產生興趣、想要得到和採取行動）時，企業員工會親臨現場並給予協助；一旦「釣」住了客戶，他們就會失去興趣，把精力轉移到其他潛在客戶身上。

實際上，採購行為僅僅是企業與客戶間關係建立的起點而非終點。行銷後採購週期的 4 個階段。它們是：

一、消除疑慮。當客戶採購某一產品時，表面上他們是忠愛一種品牌、產品或服務，而在其內心這種忠愛往往很容易動搖。客戶會質疑他們是否作出了正確選擇或支付了合理的價格。有些企業往往忽略了這一質疑階段。這就很容易造成企業和客戶關係的破裂。那麼，要想避免這一情形出現，就要採取措施強化購買者的決策並再次向其保證你對所出現的問題會隨時做出回應。

二、加強認識。到了這個階段，雖然在客戶開始甘心於所選擇的品牌或產品。但是，他們還會對其決策尋求證實，對其所選物品找尋盡可能多的資訊，因此要做好準備向客戶提供這種資訊。企業可能需要提供訓練課程，以說明客戶最大限度地使用產品，或者深入了解客戶，確定其在使用產品中的舒適程度。

　　三、保持聯繫。這個階段無疑是行銷之後流程中最長的一個階段。客戶認可自己作出的決策，並已接受伴隨採購物品而來的利益和不快。他們努力希望成為活躍的、有見識的物主，儘量掌握所採購的產品或服務。

　　四、繼續吸引。當客戶所購買的產品使用完了，或用壞了，或過時了等等，客戶開始尋找替代品或新產品，於是他們開始探詢不同的公司、品牌或服務提供者。在這個時候，企業希望阻止客戶的這種尋找和選擇，希望他們重複以前的採購決策，因而在客戶有機會考慮競爭產品之前，適時推出鼓勵客戶再購買的特別促銷活動是留住回頭客的一種巧妙方式。

廣告也可以隨機應變

　　任何一家企業，無論是大是小，都存在一個自身宣傳的問題，也就是讓顧客知道你。大企業資金雄厚，可以大把花錢做廣告；小企業就不同了，由於規模小、底子薄，特別是在創業之初，自然沒這個能力。但是小企業也不能因此就靜默沉寂。我們都知道這樣的道理：幹什麼吆喝什麼。磨菜刀你得喊出聲來人家才知道；賣冰葫蘆的也得擺出攤來，大聲吆喝才能吸引人的注意。不然，人家怎麼知道你在做生意？客戶也就無從談起了。

　　當然，絕大多數小企業是磨菜刀和賣冰糖葫蘆不可相比擬的，但是理論卻是相同的。如果你租用的辦公室地段不好也不出名，或者乾脆就是住家改成的辦公室，想展開企業宣傳勢必困難重重。此時你必須量力而行，花點小錢在網路上登幾天廣告是可以的，但你絕不能指望它能造成多大的作用。

　　要想既花錢少，又能實現宣傳自己企業的目的，創業之初的企業經營者不妨發動自己的業務同仁與自己一起走出去。當然，你要準備好名片，帶上你所經營的產品樣本，分區域，分產業，把一切有可能成為你客戶的單位儘量跑到，你一定要大方整潔、禮貌坦然、口齒清楚地向人家介紹你公司和你

的產品。在給對方名片時千萬記得也收對方的名片，並把交換來的名片存放好。隨著名片的散發和積累，你的客戶群就慢慢形成了。當然跑客戶也要講技巧。為了減少唐突，也為了減少進門的麻煩，你最好事先電話聯繫一下。如果能透過熟人介紹當然更好，哪怕這個人是那家企業的工友，他完全有可能認識對口部門的負責人。

俗話說，知己知彼，百戰不殆。這雖然是戰場上的理論，但是用在企業行銷上同樣適用。作為經營者，你必須購買當年的電話簿和企業名錄，閱讀報紙時要留心廣告抄下你認為有用的位址、電話、傳真和網址。當你在街道上行走時也一樣，你要用經營者的犀利目光搜尋一切有用的東西，你要注意路牌廣告、看人家撐的廣告傘、穿的廣告背心上那些有用的資訊。你還要去參觀各種各樣的展覽會，裝作對對方產品十分感興趣的樣子，去索要名片和宣傳資料，篩選出對自己有用的資訊，然後根據資料逐個發傳真、發電子郵件、打電話、去拜訪……其實你發出的均是你早就準備好的格式完全相同的內容，即介紹你的公司和你所經營的產品。如此算來，只此一項你一年便有不少潛在客戶，即使只有 10% 的成功率，年復一年，也是非常可觀的。

此外，為了讓更多的人知道你和你的公司，你還可以在辦公室窗外張掛條幅，可以在樓外做指示招牌，可以設立燈箱，贈送極其廉價但有你廣告的小贈品。如果有輛運貨小卡車就更不能放過，貼上你的廣告語就行。

其實，說到底，無非是如何聯繫自身實際，做一個花錢少、效果好的廣告。以下幾招，說不定能供你參考參考。

叫人不得不看的公車廣告

假如你的服務物件是農民朋友，那麼你可以在鄉村公車座椅上做廣告，這實在不失為一招妙棋。由於農村地理條件複雜，電視收視率相對差，受經濟條件、教育水準等因素的影響，農民很少有訂閱報刊或上網的。在電視和

網路上做廣告，難以有效傳播給目標受眾，且費用也相當高；做外牆體告或電影促銷，費用低，但輻射面又太窄。而在鄉村路間跑的公車常年穿行在鄉鎮之間，絕大多數乘客都是農民朋友。如果在公車的座椅上做廣告，乘客只要一抬眼，就可看見前面座椅上的廣告，這樣，每天都會有不少上下車的人看你的廣告。

類似這樣的廣告製作起來也比較容易，只需在公車的椅子靠背上套上印有你的產品廣告的罩子就行。在具體的廣告詞方面，要做到通俗易懂，符合農民的口味，車座廣告做一次可保持兩三年，隨著每天不斷上上下下的乘客，你的廣告也就傳遍了鄉間，不僅成本低，而且效果也不錯。

在別人的廣告上「做」廣告

作為企業的經營者，誰都希望知道自己企業的人越多越好。那麼如何去實現這一目標呢？那就是大量收集、閱讀別人在電視、報刊上刊登的廣告，就是走在大街上，你也要做個有心人，留心路牌廣告，看人家的廣告傘，穿的廣告衫。透過對這些廣告進行篩選，抄下你認為有用的位址、電話號碼、傳真號及網址。然後根據這些資料逐個郵寄資料，打電話、發傳真或電子郵件甚至親自上門介紹你的公司或你所經營的商品。不用著急，每天只需要發出去 10 份就行，一個月就是 300 份，這些就是你的潛在客戶，就算只有20% 的成功率，一年下來也有 600 多個客戶。

一般情況下，某個公司在廣告上公佈的業務聯繫電話或聯絡人，都是公司主管人員或說話管用的人，你按其提供的資料「順藤摸瓜」常常會有意想不到的收穫。

製作特色名片，做一個免費的廣告

如果你的公司開業不久，並且公司的地理位置不太好，甚至是在居民社

區裡辦公，連做塊戶外看板都不方便。要想花點小錢把名聲宣傳出去，但又不適宜用上述幾種方式做宣傳，那麼，你不妨試一試交換名片的方法，也許對你有效。

當你用盡渾身解數，使用了以上種種甚至更多辦法之後，相信你辦公室裡的電話一定會常常愉快地響起。為了防止忙於業務而無人接聽電話，轉接到手機一定不可少。如此一來，你就滴水不漏了。

再接下來，你要做的已經不是怕別人不知道你了，你得在產品和服務品質上下工夫了。

 **第五篇　蒸蒸日上的行銷祕笈**

第六篇
井井有條的管理技巧

企業管理的目標是賺取利潤，管理的核心是人，企業最應努力挖掘的潛力是人力資源投入與產出的潛力。在當今日益激烈競爭的形勢下，決策者們不得不高度重視人力資源管理和對人力資源成本及其價值的研究。

建立自己的管理磁場

人才是企業最大的資本，如果員工工作不踏實，三天兩頭有公司業務幹部離職，何談企業競爭力呢？

對員工要有充分的了解

作為企業的管理者，首先要充分認識到，了解每個員工不是一件很容易的事。對於員工的了解，程度上呈依次漸進的關係，具體可分為三個階段：

第一階段：了解包括員工的出身、學歷、工作經驗、家庭環境以及興趣、專長和社會背景等。同時還要了解員工的思想，以及幹勁、熱誠度和正義感等。

第二階段：員工難免會遇到困難，這個時候，你若能事先預料他的反應和行動，並恰如其分的給員工雪中送炭，這就有利於你進一步加深對員工的認識。

第三階段：知人善任。每個人都有自己的優勢，你如果能使每個員工在其工作職位上發揮最大的潛能，將會實現員工利益與企業利益的最大化。在分配工作時，可給員工足以考驗其能力的挑戰性工作，並且在其面臨此種困境時，給予恰當的引導。

總之，作為一個管理者，如果能夠充分了解自己的員工，那麼無論在工作效率上，還是人際關係上，他都不失為一個一流的管理者。在此，需要特別指出的是，管理者與員工彼此間要相互了解，在心靈上相互溝通和默契，這一點對一箇中小企業的管理者來說至關重要。

學會傾聽

大凡中小企業，其管理者往往有比較強烈的自我主張，儘管這種傾向對

於果斷、迅速的解決問題有幫助，但另一方面也難免會導致管理者一意孤行，聽不進他人意見，甚至有可能最終造成決策的失誤。

其實，只有在企業的管理中，能夠學會傾聽，傾聽員工內心的所思所想，才能夠更好地團結員工，並調動其工作熱情和積極性。要知道，如果一個員工的思想出了問題，很容易就會失去工作熱情，這時候要他圓滿地完成你交給他的任務是不太現實的。所以，作為管理者，應耐心地去聽取員工的心聲，找出問題的癥結，然後進行耐心的開導，這樣才能有助於管理目標的實現。

不斷創新管理的方法

有人把管理員工比喻成開汽車，這個比喻著實恰當。的確，司機在開車時需小心地看著儀表板和路面，當路面有新的變化或者儀表板的數字有變化，就應轉動方向盤或剎車減速，防止翻車撞人。而管理員工也是如此，管理者要想讓員工在自己設定的軌道上運行，就要仔細觀察、經常調整，以避免出現不必要的偏差。

德才兼備，量才使用

我們都知道這樣一句俗語：「尺有所短，寸有所長。」事實上，每個人在能力、性格、態度、知識、修養等方面各有長處和短處。用人的關鍵是適用性。為此，作為管理者在用人時，先要了解每個人的特點，一個員工一個樣。有的工作起來迅速俐落；有的謹慎小心；有的擅長處理人際關係；有的卻喜歡獨自埋頭在統計資料裡默默工作……

不少企業都有專門的人事考核表，其主要圍繞處理事務的正確性、速度等評估專案進行考核。但是，作為一個管理者，僅僅看到考核表的「得分」情況是有失偏頗的，更重要的還應在實踐中不斷地觀察，結合每個員工的長

處安排合適的工作。在從他們工作過程中觀察其處事態度、速度和準確性，從而真正測出每個員工的潛能。

把權力淡化，把權威強化

對員工的管理最終要落實到員工對管理者的服從。這種領導服從關係可以來自權力或權威兩個方面。管理者地位高、權力大，誰不服從就會受到制裁，這種服從來自權力。管理者的德行、氣質、智慧、知識、經驗和能力等人格魅力，使員工自願服從其領導，這種服從來自於企業的管理者能成功地管理自己的員工，特別是管理優秀但桀驁不馴的員工，人格魅力形成的權威比行政權力更重要。

允許員工犯錯

很多時候，一些東西充滿了不確定因素。這樣的情況下，任何人做事自然不可能只成功不失敗。其實，只要一個人能多做正確的事，少做錯誤的事情，他就是一個優秀的人。作為一個管理者，若要求下屬不犯任何錯誤，就會抑制員工的冒險創新精神，使之縮手縮腳，從而使企業失去可能的商業機會。

引導員工合理競爭

現今社會，競爭無處不在，社會是需要競爭的，有競爭才會有進步。一個企業也是如此。但是，競爭分為正當競爭和不正當競爭兩種。所謂正當競爭就是採取正當手段或積極方式正向攀比，不正當競爭就是採取不正當的手段制約、壓制或打擊競爭對手。作為管理者，應對員工的心理變化進行高度關注，發現不正當的苗頭要及時採取措施。為此，在人員的管理方面應有一套正確的業績評估機制，要以工作績效評估其能力，不要根據員工的意見或上級領導的偏好、人際關係來評價員工，從而使員工的考評盡可能客

觀公正。

老闆角色應因時而變

一說到老闆，我們就會在腦海中閃顯出企業掌門人的形象。而很多老闆自身也有類似的感受，和很多人的認識一樣，他們是企業的所有者，企業的一切都是老闆的，老闆就代表了企業的全部。其實，若是換個角度來看，老闆只是企業組織中眾多需要相互配合的角色中的一個，只不過這個角色在不同的時期起的作用不同罷了。遺憾的是，有很多企業從小做大了，但卻有更多的企業長期停滯不前，其中有一個重要的原因，就是企業老闆一直沒有完成角色轉換。

誠然，在創業的初級階段，小企業老闆主要考慮的應該是「如何把事情做對、做好」，踏踏實實、兢兢業業、一步一個腳印地把事情完成，這是最要緊的，其他的不要過多地考慮。看準一個方向之後，腳踏實地地去做。如果你的服務比別人周到，產品品質比別人的優良，做事更加勤奮，一般都會成功。

但是隨著企業的發展，雖然老闆其人其職沒有變動，但老闆在企業經營中所扮演的角色，是需要轉變的。如果進行細分，在整個企業的產生發展壯大過程中，老闆在企業中所扮演的角色應完成以下四次轉變，才能更為有力地推動企業向前發展。

第一階段：身先士卒

剛開始創業的時候，多數創業者都是白手起家，由於種種客觀因素的限制，很多事情老闆都要親自過問甚至親自動手，其中包括企業的宗旨、理念、方針、政策、制度、團隊的構建等這些基因性、方向性、原則性大事。

也就是說，在創業階段，老闆擔任著企業幾乎全部的角色，既是一名普通的一線員工，又是一名四處協調的管理人員，同時又是一名一言九鼎的領導者，當然還必須是「金金」計較的企業股東。所以，老闆一旦消極怠工，企業就難以正常運轉了。這時候是萬萬當不得甩手掌櫃的。

第二階段：親臨一線

企業告別了新創階段，隨著一步步的發展進入創業中期，此時，人員都基本到位、基本框架搭起來之後，一切經營業務都進入了正常的運轉軌道。這時，老闆也就沒必要大小事情都親自出馬了，此時期老闆的主要工作就是監管員工是否按規章制度辦事，經營中是否有新的問題出現，一旦出現問題立即組織人馬解決。雖說這個時候，企業老闆可以不必像創業初期那樣幹具體的活兒，但必須盯在一線，也就是必須親自管理企業。畢竟此時的企業文化還沒有完全構建起來，制度還有許多不完善的地方，企業的員工隊伍也還不穩定，還不能形成自覺遵守業務流程的工作習慣，如果老闆本人不親自進行監管，影響到企業的正常運轉也是很有可能的事。

第三階段：運籌帷幄

隨著企業的進一步發展，經營工作納入了正常的軌道，管理工作也都日漸常規化、程式化，此時老闆就應該逐步退出事務性管理的角色，而把日常的管理工作交由各職能部門去做。否則，不僅自己無法管理得當，而且替職能部門幹活，也會挫傷他們的積極性。那麼老闆此時是不是閒下來了呢？並非如此。由於公司的發展壯大，老闆會有更多的企業決策工作及外部協調工作等著他去做，同時還要致力於企業文化建設和員工積極性、忠誠度的培養等等。只有如此，老闆才能讓企業躍上一個新的台階，實現企業發展的新高度。

第四階段：功成身退

經過多年堅持不懈的努力，企業終於發展到了具有一定規模，乃至成為產業或社會中的「龍頭」，牽一髮可動全域。這個時候，企業的員工都會有一種自豪感和滿足感，即使不在老闆的「監控」下也會努力工作。何況此時企業的營運完全制度化和市場化，並已經形成了完整的決策機制和執行機制，有了成熟的企業文化和特色的品牌、聲譽，企業的經營決策、日常管理已由高水準的職業經理人團隊來負責，老闆只管定期查看財務報表就行了。

由此可見，企業在不斷發展壯大的過程中，老闆的角色是需要不斷轉變的。如果老闆不能隨企業的發展完成以上角色的轉變，要想把企業做大做強是不可能的事。

儘管如此，現實中有許多企業老闆總是完不成轉變。其原因是多方面的：

首先，老闆自身沒有角色轉換意識。在他們看來，企業是自己的，企業的一切都是自己的，自己為自己賺錢，無需太多，差不多就好。這類老闆屬於那種胸無大志、小富即安的一類群體。

其次，老闆不放心「外人」。這些老闆認為只有自己對企業是「真心」的，其他人都是來賺錢的，是到自己這裡來賺錢的「外人」，而對「外人」怎麼能放心呢？於是總是自己親力親為，或緊盯著別人來做，防賊似地防著所有的員工。這樣的心理，自然是任何場合都得自己在場，不在場也得找個親信盯著，不盯著心裡就不踏實。小心眼到這種程度的老闆，八成是不可能幹成大事的。

再者，就是很多老闆不及時改變舊有的習慣。創業初期，老闆往往需要什麼都得自己動手做，隨著創業過程中的拳打腳踢，依然保持著「自力更生，豐衣足食」的創業習慣。這些習慣一旦深入骨髓，要想改變它，則是很難的，而且是非常痛苦的。

　　第四，強化經營容易，強化管理難。在創業初期，企業主要是靠經營致勝，大家是靠緣分和親情來共同奮鬥，有沒有管理關係不大。在沒有固定遊戲規則的前提下，大家在創業過程中八仙過海、各顯神通，練就了經營方面的一把好手，而對於管理方面的問題則很少考慮。而大家一旦習慣了這樣寬鬆的經營運作，再用條條框框規範的管理來約束大家，其反對力量可想而知。儘管有些組織成員也認識到需要加強管理，但一旦約束到自己，就會感到不舒服。而老闆有時也會想，投入了如此大的人力、財力、物力，不但沒有見到積極的成效，反而招致了員工的不滿，這樣下去會影響到經營，於是對於員工不再高標準，嚴要求。

　　最後一點，就是老闆總認為自己行。這一點體現在幾乎所有創業成功的老闆身上。他們自信，甚至有點自負。於是，每看到他人辦事不俐落，解決問題不力，就乾脆自己來，替員工幹活兒。實際上，這裡老闆出現了一個錯誤的心理預期，即所有的員工都像自己一樣幹活兒和能幹，而這是不現實的。如果所有的員工都像老闆一樣幹活兒和能幹，那他還當什麼員工呢，乾脆去做老闆算了。

企業文化從來不是「大而無當」

　　企業文化就像是高樓大廈裡的鋼筋、螺釘、焊縫，是看不見摸不到的，但是卻滲透進了大廈的每一個角落、關節和著力點，成為外表美麗的大廈的強有力的支撐。可以毫不誇張地說，一個沒有企業文化的企業肯定是永遠長不大的企業，一個長大了缺乏良好的企業文化的公司，不但營養不良，而且風雨飄搖。

　　對正在不斷成長的小企業而言，企業文化的建設至關重要。否則，連長不大的原因都找不到。

相對來說，中小企業在殘酷的競爭中顯現出更為嚴峻的生存和發展形勢，如何發展和壯大中小企業已經成為經濟發展的一個重要難題。

首先，我們先來了解一下什麼是企業文化？對於企業文化的定義，企業界有各種不同的說法，如企業文化是招牌，企業文化是刊物，企業文化是思想工作，企業文化是風俗和氛圍等各種說法。其中一種較為大家所接受且較為全面的說法是：企業文化是企業圍繞企業生產經營管理而形成的觀念的總和。它包括企業的經營理念、經營宗旨、發展策略、奮鬥目標；員工品質、職業道德、行為規範；企業作風、禮儀慶典、社會形象、信譽形象等。

接下來，我們再來了解如何建立企業文化。不難看出，企業文化是一個企業員工的意識集合，是一種共同的意識形態。一個真正符合本企業的企業文化建立不是一朝一夕就能建立的，它是要付出巨大的努力的，尤其是對於中小企業來說，企業文化的建設就顯得更為艱難，要全方位地深入地分析企業的特點，從本企業的實際出發建設個性化的企業文化，絕不能操之過急。助強不助弱，並且阻礙企業的發展。

具體來講，小企業建立企業文化時應注意以下幾方面的問題：

第一，對企業的未來發展趨勢和目標有所規劃。這種規劃必須是切實可行的，符合企業的實際情況，絕不能是「海市蜃樓」，可望而不可即。同時，要就規劃與員工進行合理有效的溝通，廣泛聽取和徵求員工的意見和建議。畢竟，實際工作的人是最了解情況的。透過與員工的溝通，可以了解規劃的科學性和可行性。因為就中小企業來講，它屬於創業的初級階段，企業內部總是存在著各種不確定性的因素，正是由於他們的存在，企業或多或少的難以實現高效的運行。而透過與員工的溝通，了解員工的心理和生產中存在的問題，並著手解決相關問題，使員工對企業的發展有一種認同感，調動他們的積極性，提高企業的運轉效率。

　　第二，建立企業文化是一個長期的過程。創業者不能急功近利，採取走形式的做法。企業文化建設不是一次運動或革命，用一兩年就能夠實現。企業文化是本企業所有成員的共同意識集合，即一種共同的價值觀和認識觀。但由於考慮到我們每個人都是具有各自的差異性，其不僅表現在外貌和行為上，而且更表現在思想意識和文化心理上。要改變一個人的思想意識，使其與某一特定的意識形態相符合，是一件十分艱難和漫長的事。

　　因此，要想簡簡單單透過次數不多的與員工的溝通，開幾次員工的娛樂大會或創辦幾期企業內部的刊物，就能把企業文化建立起來是不可能的。這樣的中小企業即使建立了「企業文化」也是不牢靠的企業文化。建立企業文化最先需要的就是一個打「持久戰」的心理準備。只有透過企業上上下下不斷的共同努力，才能使員工在潛移默化中逐漸形成一種本企業的獨特的共同意識即企業文化，而這種文化才是牢固而持久的。

　　第三，防範風險的體系必不可少。由於中小企業的資金實力並不雄厚，其承擔風險和應對突發問題的能力也就顯得捉襟見肘。但是在建立企業文化的過程中肯定會出現一些問題，如少數員工對企業制定的規章制度不滿產生消極怠工，員工對企業所確定的理念和宗旨不認同等。這時制定一套完整的防範體系就顯得十分必要，它可以避免企業老闆茫然不知所措使問題擴大化，或對企業文化的作用產生懷疑的態度而採取過激的方式。最後導致前期所做的努力不僅付諸東流，反而惡化了員工與管理人員之間的關係，阻礙企業的正常發展。

　　第四，生產績效不能忽視。我們知道，任何一次活動的開展都需要經費的投入，如果只有理想的活動方案，但沒有經費的投入，那麼任何活動都只是一個泡影，無法真正開展起來。而對企業來講，其經費的一個重要來源就是其生產銷售收入所得。因此，企業就必須時刻關注其生產績效，並重點監

管生產和銷售工作。否則任何為建立企業文化所開展的活動都是無源之水，無本之木。

對生產績效不放鬆是為了更好地保證組織正常運轉，其中也包括能夠保證建立企業文化所開展的活動有資金保障。但是在二者之間也不是完全協調統一的，也具有一定的矛盾衝突性。因為建立企業文化勢必要花費一定的時間和金錢，那麼在短期的生產績效上就會顯現出一種降低的趨勢；而如果企業過分注重生產績效，甚至讓員工超時工作就必然會導致員工的不滿情緒的產生。這兩種情況下，要想建立本企業的企業文化，難度之大是可想而知的。因此，企業管理者應採取適當的原則來處理二者的關係。即對生產績效的考慮應適度，不能過多地考慮如何裁減員工的休閒時間，又要保證企業營運有足夠的現金流來源。同時，對企業文化的建設也應適度，量力而行。總的說來，只有擁有優秀的企業文化，才能在競爭中脫穎而出；而一個優秀企業文化的建立是一件不容易的事情，需要管理者做好長期的充分的思想準備。

解開絕對權力和疑人不用的結

自古以來，擁有權力和授予權力一直就是人們關注的焦點。比如，一代英傑諸葛亮，有著火燒新野、赤壁之戰等廣為傳誦的驚世之作，無不顯示出其超人的智謀和勇氣。然而他卻日理萬機，事必躬親，終於由於操勞過度而英年早逝，留給後人諸多感慨。諸葛亮雖然為蜀漢「鞠躬盡瘁，死而後已」，但蜀漢仍然最先滅亡。這與諸葛亮的吝於授權不無關係。試想，如果諸葛亮將眾多國中軍中瑣碎之事，合理地授權給其他人處理，而只專心致力於軍機大事、治國之方，「運籌帷幄，決勝千里」，又豈能因勞累而亡，導致劉備白帝城託孤成空，阿斗將偉業毀於一旦？

從諸葛亮身上，我們可以這樣歸納授權的認知因素：對下屬不信任、害怕削弱自己的職權、害怕失去榮譽、過高猜想自己的重要性等等。但是問題是：集權就能有效解決上述問題嗎？「條條大路通羅馬」，只要問題能夠有效解決，領導大可不必具體處理繁瑣事務，而應授權下屬去全權處理。也許在此過程中，下屬能夠創造出更科學、更出色的解決辦法。難道只有把權力牢牢控制在自己手中才能避免失控嗎？事實上，只要保持溝通與協調，採用類似「關鍵會議制度」、「書面匯報制度」、「管理者述職」等手段，失控的可能性其實是很小的。

而在如今的企業裡，要想提高組織的運轉效率，領導者要合理地向下屬授權。比如，有的小公司剛從夫妻店轉型，老闆的個人意識比較強，要他們放權的痛苦僅次於讓他們辦福利加薪。由於老闆的知識、能力及時間都很有限，一些比較專業的東西還是交給專業人士去操作。不要不懂裝懂，權力放了可心卻放不下，放權之後又常常指手畫腳橫加干預，這樣一來必然造成管理混亂。

還有的小企業老闆辦公室門庭若市，就像是「知名醫師的門診」一樣熱鬧，很多人等著報告、請示、簽字等。可是一旦老闆有段時間不在企業，企業的很多工作就會停滯下來，因為沒有老闆同意，沒有老闆簽字，誰也沒有權力去做，也不敢做，怕承擔不了責任。因此，寧願讓工作停滯或推遲……我們試想，大到企業的發展策略，小到企業的一支鉛筆、一株花草，都要老闆們事必躬親，老闆們把全部的精力和時間都耗在這些日常事務中，怎麼會有時間和精力去思考公司的發展策略，去維護和拓展對外關係，去拓展業務市場呢？

所以，企業要想實現公司化的正規管理，要想實現策略目標，領導者的思想意識必須要轉變，要做到勇於授權，甘於授權。

　　威爾許有一句經典名言：「管得少就是管得好。」乍聽起來，覺得有些不可思議，可是深入細想，豁然開朗：「管得少」並不是說管理的作用被弱化了，高效簡潔的授權管理，往往會產生事半功倍的效果。

　　透過有效授權，管理者可將龐大的企業、組織目標分解到不同人的身上，同時將責任過渡給更多的人共同承擔，讓團隊中的每一個成員更加有目標、更加負責任、更加投入、更有創造性地工作，產生「四兩撥千斤」的巨大力量和「九牛爬坡，個個出力」的協作精神。

　　透過有效授權，領導者不必糾結於煩惱的權力之中，減少了控制，擺脫了依從。與此同時，被授權者也增加了自主性，感受到了責任感，提高了工作的能動性，增強了自我管理能力，獲得了更快的個人成長。有效授權為企業帶來了較高的激勵水準、高效率的團隊和優異的業績。那麼，企業授權有沒有什麼祕訣去方便掌握呢？專業人士認為，主要包含以下幾點：

　　基於信任：授權的最起碼基礎就是信任，如果缺乏了信任，授權就無從談起。如果管理者對自己將要授權的人缺乏充分的信任，最好不要授權給他。

　　明確範圍：授予權力的大小是授權的一個重要因素，它將直接關係到管理者的管理效率。授權過小，會造成管理者工作太多，下屬積極性受挫；授權過大，會造成工作權力交叉，管理者、執行者工作程式混亂，使管理失去控制。

　　權責一致：明確職責是授權的前提條件，這也是做好授權回饋與控制前提。授權者必須向被授權者明確所授權力的職責和範圍，明確被授權者的權力和應承擔的義務及責任，並避免授權中的重複。

　　可以說，授權是企業管理中的重要組成部分，也是企業領導要學習和掌握的藝術。那麼，對企業來講，到底該怎樣做好授權呢？

一、責任分解

把責任細分是授權的第一步，也是最基礎和重要的一個環節，沒有責任的授權不是真正意義上的授權，責任分解的目的就是讓被授權者明確該次授權必須要完成的工作目標；明確該次授權涉及的範圍和程度，以及這些目標完成時授權者應該採用的檢驗標準。

責任分解的一個可能的結果是，有時不一定屬於被授權者的職責範圍，可能是臨時性的工作任務安排。但不管是哪種狀態，企業都應該明確責任。因為任何人只會做你要求的，而不是你期望的。當然，這種責任的授予是具有時效性的。如果一種授權失去了時效性，那就不是授權，而是該員工的工作職責了。

二、權力授予

授權所涵蓋的範圍不僅包括責任，還包括權力的授予。也可以說，分派了職責，就必須賦予相應的權力，沒有賦予權力的責任是沒有辦法去實現的，即使實現，也不一定是你所想要的結果。所以在明確職責的同時，需要進行及時的溝通。當然，這種權力的授予是相對的，隨著工作任務的執行，權力有可能擴大或縮小。

三、授權檢查與跟蹤

可喜的是，現在多數企業都能夠做到責任分解，同時權力也是賦予的。不過遺憾的是，相關專家在研究中，卻發現企業的授權多數到此為止。其實企業授權是一個系統的管理保證體系，是一個密切的閉環系統。授予了權力和責任，授權者千萬不要忘記要按照授權項目的里程碑或定期對工作任務的進展進行監督。這種監督與檢查不是走形式，而是真正意義上的監督，不是簡單地給個評語就萬事大吉的。必須了解授權執行的效果及出現問題以後的

及時回饋與調整，千萬別到了無法收拾的時候再去調整。因此，企業應該逐漸完善匯報制度。按照預先設定的目標進行監督。IBM 前 CEO 路易斯·郭士納曾說過：「你關注什麼，就去檢查什麼。」這話絕對有道理。

四、授權終止與評估

做任何事情有開始，就要有結束，企業授權也不例外。授權完成以後，就會出現一個授權終止的概念，也是授權的最後一環，不管授權執行效果如何，都必須給予合理的評估，而這種評估必須是與被授權者共同達成，評估的結果不是最重要的，關鍵是透過這種方式，可以就授權的執行做一次總結，以便在下次授權時能夠做得更好。

拋開義氣賞罰分明

對於創業者來說，做事有原則是最重要的一點。有原則就是根據公司的要求與規定去處理事情，很多時候我們不想去面對或不想去觸碰工作中所發生的矛盾，有時不敢或不重視公司裡其他人所犯的小錯誤，於是採取了容忍的態度，可能口頭說一說，甚至連說都不說，縱之任之，以為對員工要求寬容是對員工好。

其實，這種做法最後必然會導致人心浮動，造成團隊凝聚力渙散，最終的結果便是因自己沒有能力管理好企業而自己把自己給淘汰了。經驗告訴我們，管理嚴一點是有好處的，而管理鬆散則百害而無一利。

我們也不否認，在嚴格執行的過程中，可能會遇到一些抵制與不滿，這時一方面必須嚴格按照原則與規定執行，同時深入做好溝通工作，打開對方不滿的心結。而不是冷冰冰地執行，對於對方如何想、如何理解置之不理。很多時候，不滿並不是來源於制度本身，而是來源於執行的方式與態度，多

從尊重的角度去為他人考慮吧。

　　始終堅信一點，榜樣是做出來的，而不是說出來的。作為老闆，要處處以身作則，造成帶頭作用，而不是僅僅指手畫腳，只吩咐他人，自己卻無動於衷。管理中，必要的溝通是必需的，但不要說得過多，過多會耳朵生繭，就會導致別人把你的話當成耳旁風。要麼不說，要說就要有力度，有理、有據、有節，要讓人心服口服。

　　在表揚某個員工的時候，儘量選擇在人多的場合，以一個較為正式的形式，鄭重其事地對他進行表揚，表揚之前要做好準備，至少打好腹稿，同時要考慮如何將表揚某個人而激勵到其他人的效果發揮出來。表揚某人時自己首先要有底氣。

　　在對員工進行批評的時候，則要盡可能在私下單獨對其批評。批評時也要注意做好準備，首先要掌握批評的重點，批評的內容不能超過三項，最好只說一項，說多了會減弱主要的著力點，而且會引起對方的反抗心理。

　　批評員工，還要整理好相應的材料和依據，即舉出對方能夠認可的真實的例子，讓對方明確自己的錯誤，切忌批評了半天，對方還搞不清楚自己錯在什麼地方。

　　此外，在和員工談話過程中，要本著善意的幫助對方提升的出發點去談，切忌興師問罪的心態出現，談話過程一定要顯得正式，不管對方犯的錯誤是大是小，一定要讓對方有被尊重的感覺。同時在談話時，要多聽對方的闡述，讓對方至少把自己的想法或不滿發洩出來。批評到最後時一定要鼓勵對方，儘量列舉一些對方的優點，以建立對方改正錯誤的信心。

　　如果同一問題在團隊中的若干成員身上都存在，那麼就最好在開會時集體強調，儘量不要當眾點名批判任何一個。

　　作為管理者，對於那些未經確認的和未經公開的事情，不得隨意在員工

間談論。話多必失，禍從口出，要三思而後言。「君子之交淡如水。」同事之間要保持水一樣的恬淡與純潔，不即不離，不過於親密，也不過於疏遠，切忌「哥兒們義氣、姊妹感情」之類的江湖道義，因為江湖義氣會害死人。

賞罰分明，實際上就是要求在處理事情的時候要顯示出制度的剛性，賞罰一定要針對事情，切忌對人，不對事，用不了幾次，就會出大問題。

比如，某企業下屬的一個經濟實體，由於經營不善，效益日益下滑，賠進去幾百萬元資金。本來承辦人應該受到懲罰，但該企業有位主管說了一句「算了，他也不容易」。於是，就真的這樣算了，不了了之。事情雖然過去了，但禍根卻留下來了。

如果不根據制度辦事，做不到賞罰分明，那麼規章制度無異於一種虛假的擺設，對人們的約束力根本無從談起。而要做到賞罰分明，就必須對違反規章制度的人進行懲罰，必須照章辦事，該罰一定要罰，該罰多少就罰多少，來不得半點仁慈和寬容。獎賞人是件好事，懲罰雖然會使人痛苦一時，但絕對必要。

在此，我們列舉著名的美國克萊斯勒汽車公司的例子。該公司自進入20世紀70年代後，就因為管理不善，每況愈下，逐步跌落到破產的邊緣。後來，新上任的總經理艾柯卡採取了一系列大刀闊斧的經營管理措施。他在管理上突出從嚴執法，該削減的冗員，無論什麼人都不留面子；該留下的辦事人員無論職位多高，一律要深入生產第一線；他手下的幹部，如果不能完成計畫，都逃不脫他的處罰，無論什麼人，都被毫不留情地撤職。正由於艾柯卡勇於動手，才使得克萊斯勒汽車公司走出谷底。如果說艾柯卡有什麼經驗，那就是令行禁止。

而現實中有很多企業管理者往往沒有艾柯卡的「冷酷到底」的堅持。很多的管理者經常會很無奈地說一句話：「說了話沒人聽！」當然，實際上不

是沒有聽，而是沒有執行到位。這類的管理者，整天在提醒對方要做什麼，或是別忘了做什麼之類的，當別人做不到位時，又不忍心去處罰，於是自己就會非常惱火，而常常向員工發脾氣。這實際上是一種錯誤的做法。首先，當你「說出」某事，也就相當於制定了一項制度，隨後要跟一條，如果做不到會受到什麼處罰，如果大家沒有異議了，就不用再說什麼了，剩下的就是檢查大家有沒有做到。如果沒做到，一定要嚴格按照事先所做出的處罰規定執行。等到下一次，你再「說」的時候，大家就會自覺去執行了。當然你所「說」的必須能夠有理有據，切不可胡亂用之。

「新創成功」之後的管理危機是關鍵

很多的創業企業，常常是業務催生企業，在幾個訂單做完後，就沉浸在「新創成功」的喜悅裡，以至於失去了業務走向。而更加傷害創業的是，由於習慣賺快錢，企業不但沒有形成足夠的品牌意識，甚至放棄了應該有的堅持。今天做地產、明天做股票、後天搞期貨，成為很多新創公司的真實寫照，而不堅持的後果就是很難形成專業優勢，導致其後的夭折。

而實際上，當創業初步成功後，無論創業者如何選擇自己的道路，企業都需要經歷一個休整階段。它不在時間的長短，但卻是不可能跳躍的階段。正如人的成長要經歷青春期的煩惱一樣，這一階段企業會湧現許多管理問題。如果不能及時解決這些問題，不僅會影響到企業的未來發展，也會影響到企業價值的體現。我們不僅需要優秀的創業者，更需要優質的企業。因此，創業者出於考慮企業未來的發展與自身命運這一策略問題，在創業成功後，尤其應該考慮為企業管理做些什麼。

因此，找到要管理的危機問題是其中的關鍵所在。

成功管理的關鍵不在於排除所有的問題，而在於把注意力集中到企業當

前階段所存在的主要問題上，這樣企業才能成長、成熟並壯大起來，去迎接下一個階段的到來。創業成功後，企業面臨的主要管理問題是管理危機問題，具體表現為以下幾點。

一、創業者勞苦奔波，顧此失彼。在創業成功之後，由於人員增多，業務繁忙，企業面臨的問題越來越複雜。然而，創業者習慣於發號施令，事必躬親，唱獨角戲；員工也習慣於接受命令，對創業者有依賴心理，從而導致創業者日常事務繁多，工作量劇增。一個不可避免的結果便是創業者感到力不從心，不堪重負，但又沒有抓住重點。

二、決策無法有效執行，出現管理失控。當創業成功後，企業開始有現金流入或者盈利，一系列的工作諸如應徵、遷址、購置設備、員工培訓等等，令人忙得不亦樂乎，於是管理費用急遽上升。企業經營的範圍和地域也隨之逐步擴大，管理開始變得複雜起來，問題也多了起來。幸好，創業者一如創業過程中那樣果斷，員工也依然貫徹執行決策。但是，創業者卻無法像以前規模較小時做到一一監督、評估決策的執行，企業也缺乏相應的機制與政策，因此，決策執行的效果便會大打折扣。

三、利潤開始徘徊不前。某一企業創業成功後，很可能會有新的創業者參與，競爭逐步加劇，業績增長率也會隨之下降。另外，企業越是成功，創業者越是感到志得意滿，有時甚至覺得無所不能，擴大經營和多元化便在所難免。攤子太大和對新業務不甚了解，經常會出現判斷失誤的情況，從而侵蝕企業的利潤。

四、「元老」們缺乏繼續創新的動力。創業成功後，那些看著公司逐步成長起來的「元老」們容易陶醉於曾經獲得的成功，喜歡向他人講述傳奇式的創業歷程。創業者考慮的是企業的未來，而老員工考慮的是創業者應該如何獎賞、如何分配勝利成果，考慮的是如何在企業保持相應的權力與地位。老

員工不願繼續艱辛地奮鬥，安於現狀，於是，小富即安的思想開始在企業蔓延，甚至會影響創業者本人。這樣，企業很容易失去繼續創新的動力。

五、新舊員工矛盾衝突呈現出來。新員工會感覺到，很多事情都讓他感到困惑，一切都沒有規定，規章制度被束之高閣，薪酬制度是由不同的特例組成的大雜燴。而老員工往往會說「我們原來怎樣怎樣」。對於新員工而言，這些事情都會讓他困惑不解。老員工討論的是過去的「好時光」，說話辦事都有一套他們自己的規矩程式。如此一來，新老員工之間的矛盾必然凸顯出來。

由此看來，當企業發展到一定規模，當「開門紅」的誘人景像已經散去，企業仍需面臨管理方面的諸多問題。只有及時預見並採取科學的措施，才能讓企業的管理工作和企業的發展步伐相吻合，企業也才有更加美好的未來。

把創業的精神傳染給員工

一些管理專家表示，孤獨的創業者見得多了，他們都無法解開企業裡的這個結 —— 最忙最累最焦頭爛額的往往是創業者本人或少數幹部。而創業者同時還承擔著企業成敗的所有風險，即便他把家裡的存摺拿出來，即便他低聲下氣去借回員工的薪資，拿著薪資的員工對企業、對創業者仍是隔岸觀火的心態，極少有人感同身受，更多人已在網上聯絡好了下一個企業和職位。

對此，我們建議創業者不要有任何對員工的責怪或埋怨。因為創業者沒有任何理由把自己的風險、挫敗和低迷，強加給自己的員工，更不能由於員工的隔岸觀火而覺得自己有什麼委屈，員工沒什麼大錯。但一家小型企業要想真正走向成功，就必須改變這種狀態，而且是徹底改變。否則，隔岸觀火的員工也會失去觀賞的興致，那火也會漸漸熄滅，創業者的一切都會隨之灰飛煙滅。

在長期對這種狀況的思考中，創業者在採取已有的眾多方法措施的同時，應該千方百計地把自己的創業精神傳染給自己的所有員工，之所以用「傳染」，是因為傳染具有不可抵禦性，而且無聲無息於朝夕相處的日常工作生活之中，這不是靠制度、措施、開會可以完成的。

也許我們一直以為創業精神只應該自己具備，只應該屬於創業者。不對，創業精神應該是一種廣泛的氣質，可以程度不同、多少不均、強弱不一的存在於所有人身上。創業者的這種精神固然重要而且必須具備，但一個具備了同樣精神的員工，一定會成為一名不可多得的好員工。因為創業精神的具備，他不但可以認同本企業的企業精神、價值觀念和行為規範，而且會把自己的言行舉止也同企業緊密結合起來，會自然而然地形成同企業同呼吸、共命運的熱情和感覺。

創業精神不是創業者的專利，創業者應該有意識地將它傳染傳播給自己手下的員工。因為這是一種高尚積極的精神，這種精神可以讓人充滿激情，產生求知欲，精神振奮地對待目前的工作挑戰。透過對很多成功企業的調查發現，一個共同的經驗就是，公司上下眾口一詞地認同領導人的感染力、精神素養和人格魅力。這其實就是創業者的精神成功傳染的另一種表達形式。對此，如果我們都有意識地去做了，相信會造成意想不到的收穫。

作為管理者，不要擔心員工們有了創業精神，就會選擇跳槽或去自主創業，那既是對創業精神的誤讀，也是對員工的不尊重不信任。創業者在對其精神的有意識傳播中，還應該為具有這種精神的員工提供適合的舞台、職位、機遇，使其不斷成長成材，與企業一起進步，成為企業的棟樑。

會議絕對不是形式主義

「削文山、填會海」，無疑大有必要。開會，據說是人類社會發展一個重要的代表，不管是民主制度還是專制統治，會都是要開的。開會是種溝

通，傳達一種信號，開會就意味著群策群力，有團隊協作和共同解決問題的意思。

關於開會的話題，很多中小企業決策者和管理者有各自不同的看法，可以說各有各的道理。但是，在現實中，能開好會的企業並不多，即使是外企或是「知名企業」。大家坐在一起，用大量的時間來討論問題，討論的結果在下次會議中再次討論，問題的解決需要在討論中反覆論證。開不好的會就像房間裡的灰塵，越積越多，看似不起眼，終會造成大掃除，費時又費力。中小企業的會議常常是沒有定式，更多的是五花八門，即時式、座談式、茶話式，交流式、辯論式等等，不一而足。

實際上，中小企業學會開會並不僅僅針對如何的發展壯大，或是認識自己的能力如何之差。開會是企業生存和發展的一種必要手段，一個企業要生存，要追求良性的發展，面對企業經營中的每一個環節是很重要的。而從開會這一個經營片段中，我們可以對照自己。中小企業要學會開會，並不是所有的問題都要表決和反覆，在明確公司策略方向和推廣進度下，有些問題也會有不可預見性，趨勢出現了，要儘快解決，不能因為這個變數而偏離了公司的主方向。而開會的目的不正是為了盡可能地避免問題出現，地加公司更好的營運嗎？

因為我們不強大，所以我們要更加努力。

開會對於中小企業來說，最重要的是解決問題而不是討論問題。解決就是結論，而討論看似民主，其實是解絕不了任何問題的拖沓作風。要知道，商機對於每一個企業是平等的，就看企業自己是不是適合它。中小企業正因為小，所以在決策的傳達上更要及時快速，發現不對的地方，馬上改正；對於一些有爭議的問題，把問題放一晚上，第二天，也許就不是問題了。

好的辦法，往往在於思維的改變；好的習慣，往往在於正確的處事方式。

現實中，我們不難發現這樣一些開會時的情況。

現象一：會議由老闆主持，各部門的負責人闡述各自部門的工作、問題和總結，由老闆一一評論，評論完了，會也開完了。這種現象肯定流於形式主義。而正確的方式應是對各種會議進行分類，區分對待行政和業務的會議，對於一些小一點的企業，如果不好操作的話，老闆不妨把開會主題和內容寫出來，告之大家，一一解答或是表明態度。

現象二：每次開會，老闆總是把績效考核拿出來說，如果誰沒有實現目標考核，就會以此對該部門完成的情況進行批評，甚至用一些資料把各部門的責任人罵到抬不起頭來。

其實，像這樣的會議不開也罷，雖然老闆用心良苦，但指望用這種曝光於公眾之下的形式來刺激員工，很難實現預想的結果，甚至接下來的情況會更糟糕。古人云：「揚惡於暗室，揚善於公堂。」這是有道理的。正確的方式是對於個別部門工作出現的問題，可以採用單獨溝通，個別談話的形式來解決，絕對不能一棒子打死，一概否定，一些客觀上的因素需要具體分析對待。

現象三：大事小情都要透過開會解決。有些老闆好像有開會的「嗜好」，一有事情就要召集員工開會，不管事情大小和是否必要，一律照開不誤。在這些老闆看來，這樣才能體現出公司的民主，不管是什麼問題都一起討論。可是，這樣做的結果呢？大家的意見都沒有採用，老闆的心裡其實已有了主張，長此以往，開會氛圍自然是一片沉默。員工大會時，坐得滿滿（的），老闆居中，看起來是人丁興旺，人才濟濟的樣子，會上還不時傳來鼓掌和歡呼聲，一派和諧景象。其實不然，老闆隨意呼攏員工，員工自然也會呼攏老闆。不要忘了，開會是為了民主和溝通，像這樣頻繁地開會，是企業最大的成本浪費，有必然全體參加嗎？這樣的會還會產生一個現象，對於不是自己

部門的事，大家是想怎麼發言就怎麼發言，信口開河。當別人談及自己部門的工作時，自己又極力反對，一一辯解，聽不得反對意見。

　　現象四：中小企業在開會方面還具有時間緊張的通病。因為討論的問題有很多，一些企業在開會時有很多的議題，一個個的討論一個個的解決。企業老闆認為，這樣做事是最有效率的，既節約時間又能現場通過。

　　其實，這樣很難真正解決問題，反而會使問題增多。由於議題太多，有些議題是不能在當場表決的，在老闆的催促下，員工透過了，可是事後的嘀咕是少不了的，因而往往欲速則不達。同時，由於每個議題只有當事人或提案者最關心，其他的人則是事不關己，高高掛起，浪費大量的時間根本解絕不了任何實質問題，或者去解決一些根本無需上會的細小問題。與其這樣，還不如設置一個專題會議方式，把重要的議題提前告之參會者，具體開會時，大家有的放矢地發言，使會議不至於跑題。這樣，才有可能把問題分析得透徹，從而使其得到徹底的解決。

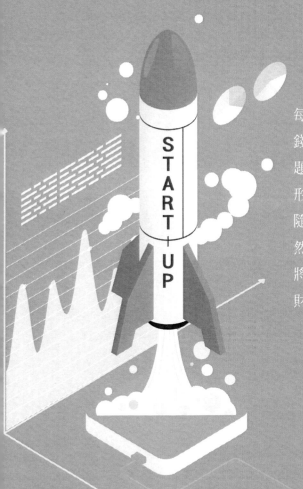

第七篇
路路暢通的資金流向

每一個創業者都會有這樣的感受，錢在創業中是永遠無法迴避的話題。在創業初期，創業者總會遇到形形色色的財務問題，有的問題能隨手解決，有的問題卻會令自己茫然無措，不知如何是好。本章內容將專門圍繞一些在創業初期常見的財務問題，為廣大讀者一一解答。

第一張西洋骨牌 —— 現金流

在如今的市場經濟條件下，現金流量對於企業來講就好像人體的血液，在相當程度上決定著企業的生存和發展能力。即使企業有盈利能力，但若現金流周轉不暢、調度不靈，也會嚴重影響企業正常生產經營，償債能力弱化會直接影響企業信譽，最終影響到企業生存。

可以說，現金流就是企業的第一枚西洋骨牌，它的狀態將直接影響到企業的生產、經營。因此，現金流量資訊在企業經營和管理中地位越來越重要，正日益受到企業內外各方人士的關注。

其實，現金管理的目的就是在保證企業生產經營活動所需現金的同時，盡可能節約現金，減少現金持有量，而將閒置的現金用於投資，以獲取更多的投資收益。換言之，企業如何在降低風險與增加收益之間尋求一個平衡點，以確定最佳現金流量。

因此，對於現金流量的科學管理成了現代企業理財活動的一項重要職能，建立完善的現金流量管理體系，是確保企業的生存與發展、提高企業市場競爭力的重要保障。加強對現金流量的分析，及時掌握現金流動的資訊，最大限度地提高資金利用率已成為企業管理的一個重要內容。

現金流量的估算

無論是項目投資的投入、回收，還是最終的收益，其表現形式均是落到現金流量上，因此，在每一個項目計算期的各個階段上，都有可能發生現金流量，這就需要企業一定要逐年估算每一時點上的現金流入量和現金流出量。

1. 現金流入量的估算

(1) 營業收入的估算

在專案經營期內，有關產品的各年預計單價（不含增值稅）和預測銷售量，均應列為現金流入量的估算範疇。在按總價法核算現金折扣和銷售折讓的情況下，營業收入是指不包括折扣和折讓的淨額。此外，作為經營期現金流入量的主要項目，本應該按當期銷售收入額與回收前期應收帳款的合計數確認，但為了簡化核算，可假定正常經營年度內每期發生的賒銷額與回收的應收帳款大體相等。

(2) 回收固定資產餘值的估算

因為我們一般設定主要固定資產的折舊年限等於該資產用於生產經營的週期，所以，對於該項目而言，只要按照主要固定資產的原值乘以其法定淨殘值率即可估算出在終結點發生的回收固定資產餘值；在生產經營期內提前回收的固定資產餘值可根據其預計淨殘值估算；對於更新改造專案，往往需要估算兩次：第一次估算在建設起點發生的回收餘值，即根據提前變賣的舊設備可變現淨值（未扣除相關的營業稅）來確認；第二次仿照建設專案的辦法估算在終結點發生的回收餘值。

(3) 回收流動資金的估算

假定在經營期不發生提前回收流動資金，則在終結點一次回收的流動資金應等於各年墊支的流動資金投資額的合計數。

2. 現金流出量的估算

(1) 固定資產投資的估算

主要應當根據設備的購置費、安裝費、各項稅費及雜費等各項實際支出

的合計數來確認。

固定資產投資與固定資產原值的數量關係如下：

固定資產原值＝固定資產投資＋資本化利息

(2) 流動資金投資的估算

首先應根據與專案有關的經營期每年流動資產需用額和該年流動負債需用額的差額來確定本年流動資金需要量，然後用本年度流動資金需要額減去截至上年末的流動資金占用額（即以前年度已經投入的流動資金累計數）確定本年度的流動資金增加額。實際上這項投資既可以發生在建設期末，也可以發生在試產期，而不像建設投資大多集中在建設期發生。為簡化分析，根據建設期投入全部資金假設，這裡假設建設期末已將全部流動資金投資籌措到位並已投入新建項目。

(3) 經營成本的估算

與項目相關的某年經營成本等於當年的總成本費用（含期間費用）扣除該年折舊額、無形資產和創辦費的攤銷額，以及財務費用中列支的利息支出等項目後的餘額。這是因為總成本費用中包含了一部分非現金流出的內容，這些專案大多與固定資產、無形資產和創辦費等長期資產的價值轉移有關，不需要動用現實貨幣資金；而從企業主體（全部投資）的角度看，支付給債權人的利息與支付給所有者的利潤性質是相同的，既然後者不是現金流出量的內容，前者也不應納入這個範圍。

項目每年總成本費用可在經營期內一個標準年份的正常產銷量和預計消耗量水準的基礎上進行測算；年折舊額、年攤銷額可根據本專案的固定資產原值、無形資產和創辦費投資，以及這些項目的折舊或攤銷年限進行估算。

項目投產後，長期借款的利息應計入財務費用。因此，應根據具體專

案的借款還本付息方式來估算這項投資。如果假設短期借款在年初發生，並於當年年末一次還本付息，與此相關的利息可按借款本金和年利息率直接估算。

經營成本的節約相當於本期現金流入的增加，但為了統一現金流量的計量口徑，在實務中仍按其性質將節約的經營成本以負值計入現金流出量項目，而並非列入現金流入量項目。

3. 各項稅款的估算

在進行新建項目投資決策時，通常只估算所得稅；更新改造專案還需要估算因變賣固定資產發生的營業稅。也有人主張將所得稅與營業稅等流轉稅分開列示。

如果在確定現金流入量時，已將增值稅銷項稅額與進項稅額之差列入「其他現金流入量」專案，則本專案內容中就應當包括應交增值稅；否則，就不應包括這一部分。

淨現金流量的計算

淨現金流量是指在項目計算期內由每年現金流入量和同年現金流出量之間的差額所形成的數列指標，它是計算項目投資決策評價指標的重要依據。

淨現金流量具有兩個特徵：第一，無論是在經營期內還是在建設期內都存在淨現金流量。第二，由於專案計算期不同階段上的現金流入和現金流出發生的可能性不同，使得各階段上的淨現金流量在數值上表現出不同的特點：建設期內的淨現金流量一般小於或等於零；在經營期內的淨現金流量則多為正值。

根據淨現金流量的定義，可將其理論計算公式歸納為：

淨現金流量 ＝ 現金流入量 - 現金流出量

即：年淨現金流量＝年營業收入 - 年付現成本 - 年營業所得稅

其中：付現成本是指營業成本中需要支付現金的部分，如購買原材料、支付薪資及支付各種費用；營業成本中不需要支付現金的部分主要是固定資產折舊。在一般情況下，可用如下公式表示：

年付現成本＝年營業成本 - 年折舊

因此，年淨現金流量＝年營業收入 -（年營業成本 - 年折舊）- 年所得稅＝年利潤＋年折舊 - 年所得稅＝年稅後淨利＋年折舊

在現金流量的計算中，若未作特殊說明，一般認為，各年投資都在年初一次進行，各年的營業現金淨流量在各年年末實現，終結現金流量在最後一年年末發生，這也是人們為統一計算口徑和簡化計算過程而做的一種假定，這一假定目前已演化為一種慣例。

做好財務預測，為創業上保險

財務預測是財務管理的重要環節之一。它是指根據財務活動的歷史資料，考慮現實的要求和條件，對企業未來的財務活動和財務成果做出科學的預計和測算。

之所以要進行財務預測，是因為這樣可以體現財務管理的事先性，即說明財務人員認識和控制未來的不確定性，使對未來的無知降到最低限度，使財務計畫的預期目標同可能變化的周圍環境和經濟條件保持一致，並對財務計畫的實施效果做到心中有數。

透過詳細的財務預測，可以看出一個新創公司的命運。但是，新創公司還沒有收入，甚至還沒有產品，如何來做「財務預測」呢？要做好新創公司的財務預測，我們必須看看公司的美好未來都是由什麼構成的。

毫無疑問，「現金流」是公司裡最重要的財務預測部分！新創公司的負責

人必須清楚自己公司現金流裡的每一個數字，千萬別想等將來公司做大了，再找個專門的人來對付財務預測。如果忽視了現金流的重要性，公司也許就根本「活」不到那一天！

預測新創公司的現金流是一份細活，需要經營者靜下心來仔細做功課。以下三方面的細節，將決定新創公司的財務預測（現金流預測）是否合理、真實、可信。

1‧收入的預測

對於新創公司的預測收入，有這樣一個比較簡單的邏輯，即產品或服務的定價，銷售數量。把這二者放在時間的框架中看它們如何增長，這便是「收入的預測」。

（1）產品定價

無論你的公司是生產、銷售產品還是單純做服務，都得有基本的定價。假設公司生產的是 MP3，第一步：將零件價格加上加工費用，再加上你希望的利潤，便得出可能的定價；第二步：和市場上的同類產品比較一番，比 iPod 便宜一些，比山寨機昂貴一些，最後定價自然就出來了。如果算出來發現這個價格比你的生產成本還低，那你的生意就沒法做，這中間肯定存在問題。

（2）銷售數量

客戶是上帝，是企業老闆和員工的衣食父母。沒有客戶，企業就無法生存。對於新創公司來說，什麼時候迎來第一個客戶，客戶人數有多少，每個客戶的購買數量有多少，這些都是令人頭痛和迷茫的問題。預測客戶人數及每個客戶的購買數量，不要使用「市場占有率」、「市場份額」等虛指標，要知道那些「宏觀」指標資料對你現在毫無意義。因為新創公司都是小公司，

小本經營，能實現多少銷售量對你才是最關鍵的。

在此，我們仍以一家 MP3 製造公司為例：如果用經銷方式銷售，就不妨向經銷商打聽，成熟的經銷商可以不費吹灰之力告訴你，他每月大概可以賣出多少個你的 MP3；如果採用直銷，那你必須考慮廣告的投放。

(3) 時間框架

有了產品定價和銷售數量的預測之後，再把它們放進一個時間框架裡去，一般來說，投資人會要求你作出 3 ～ 5 年的財務預測。

另外，需要注意的是，創業公司的財務預測比較忌諱按「年」來計算，而應該按「月」來計算。

一旦把數字化整為零按月來計算，無論收入還是支出的預測，數位都會立刻讓你對財務預測比較有感覺和把握。比如你需要 3 個月時間設計開發產品，外加 3 個月時間測試、改進、量產，然後正式投入市場，所以，公司實現銷售收入最早也要在第 7 個月，如果是代銷的話，收到錢可能還要再晚一些。如果按月來做預測，相對會精準很多，因為 30 天以內能做多少事情，還是可以比較容易測算出來的，而如果按年來算，往往只能信口開河地瞎報數字。按月做出來的財務預測不僅可以拿出來和投資人討論細節，令其信服，更重要的是，還可以用它來對照和指導你每個月的日常營運。

2·成本的測算

計算成本是相對比較容易的事，基本上人人都會，這裡簡單提一下。

(1) 固定成本

人員薪資、房租、勞健保、退休金提撥、辦公費用等。

(2) 可變成本

原材料、包裝、運輸、直接人工成本等。

(3) 銷售成本

廣告、銷售、客戶服務等成本。

(4) 設備投入、裝修、辦公傢俱、電腦、伺服器、生產設備等。

成本和收入一樣，也是一點點在時間框架裡發生的。如果將成本細化到每個月，任何一個創業者都會馬上發現很多成本並不是在公司開張那天一次性付出的。比如預計需要 30 台伺服器，但是它們並不需要在第一天就全部到位，而是隨著你網站的流量增加而一台台增加，說不定要到第二年、第三年的時候才會達到 30 台伺服器，而那時候公司的現金收入早就開始了。

3 · 分析和調整

創業之前，要努力找到「收支平衡點」，把收支平衡點之前的所有費用加在一起，就得出了你需要為新創公司準備的資金數目。

同時，要檢查主要資料之間的關係和比率，確保能從財務預測的資料中看到公司的業務是健康和合理的，必要時，還需要調整、平衡收入和成本之間的關鍵比率。當然，調整的原則依然是回到你每月的原始資料裡去分析它們的準確性與合理性。

(1) 毛利率。隨著時間的推移和業務的不斷拓展，新創公司的毛利率可能會從 10% 增加到 60%，甚至更高，這就是公司的生命力所在。

(2) 營業利潤率。公司裡的管理成本是相對固定的，隨著收入的增長，它占總成本裡的比例越來越小，營業利潤率便會大大提高。

(3) 增長率和規模。有了完善的財務預測，新創公司的年增長率也一目瞭然，你可以看看什麼時候能達到興櫃 IPO 的標準，看看你的公

司是否對投資人具有吸引力。

新創公司的財務預測不是一成不變的，每個月都應該進行仔細的對照和監控，並根據營運情況進行相應調整，使之更符合現實、更加優化。如果實際情況和預測總是相差甚遠，要及時找出原因，使情況迅速好轉，否則應該當機立斷停下來，重新考慮公司未來的發展策略。

在此，我們建議創業者做好兩份預測：一份就是以上所說的「保守」預測，這樣就能對公司的底線胸有成竹；另一份預測是「樂觀」的，看看在理想的情況下，自己是否能做得更好更快，「樂觀」預測會給創業者帶來無限的工作動力！

做好了財務預算，新創公司就會對未來收入有一個比較可靠的預期。因此，創業者也就不必渾渾噩噩，找不到頭緒。可以說，財務預測像是給了創業者一雙火眼金睛，使其看清每一天的任務細節，進而督促自己堅實地邁出通往未來的每一步。

開源很重要，節流也不可小覷

在經濟社會中，開源與節流是任何一個企業增加利潤所必經的兩條基本路徑。開源意味著增加企業經營收入，節流意味著降低企業營運成本。隨著企業之間競爭的日益激烈，企業內開源節流，降低經營成本，提高競爭力逐漸成為管理者們談論最多的話題。對企業的老闆來說，面對越來越激烈的商業競爭，如何開源節流，提高自身競爭力，更有效地利用各種現有資源拓展市場，以及降低管理和營運成本是大家最關注的話題。

對於企業來說，開源節流就是開關源頭減少流失，能夠在理財過程中開關更多的賺錢管道，對於浪費的開銷進行有節制的控制，以達到積累財富的目的。對於企業來說，「開源」就是開關增加收入的途徑；「節流」就是節省不

必要的資源消耗與費用支出。開源是增效的有效途徑，節流是增效的重要措施。也就是說，企業開源加上節流的總和才是最大的企業效益。因此，任何企業在推行開源節流的舉措時，都要雙管齊下。

首先，我們來看看企業如何實現「開源」。

毋庸置疑，只有鑿開利潤的源頭 —— 增加銷售量，才能創造高利潤。具體來講，可包括以下兩點。

1. 企業中負責採購的部門可透過積極與廠家談判來爭取更多的貨源與資源，保證門市銷售的貨源與資源到位，使門市在銷售過程中做到無「後顧無憂」，積極投入到門市的銷售中去。

2. 企業銷售的產品中往往會有一些殘次品，如果殘次品過多，將造成滯銷庫存嚴重超標，嚴重積壓公司資金，並存在庫存結構嚴重惡化等問題。為了減少公司資金無限期的積壓，合理運用資金，改善庫存品質使企業資金能夠有效流通，進而提高公司公司效益。

其次，是企業如何實現「節流」。

1. 加強預算管理的預見性、前瞻性和準確性，使預算管理的剛性和權威性得到保障和認同。

2. 在購買公司正常營運所需要的任何商品，都儘量做到貨比三家，選擇性價比最高的商品購買。同時建立完善的領取材料和物資的制度，做到合理的領用物資。

    (1) 關於採購固定資產：首先，在採購審批過程中，相關負責人可對固定資產的配發進行監管監督，防止造成資產的閒置浪費；然後根據各項的需要統一調配，不僅可以節約成本，還可以透過分析市場價格趨勢，決定是否應該儲備或推遲購買，從而規避價格漲跌帶來的損失。

(2) 關於領用辦公用品：可採取按周辦理辦公用品發放的方式。對於耐用辦公用品如出現破損必須交回已損壞的物品，才可再領用新品，辦公用紙必須雙面使用後方可作廢，這樣辦公用品每週節約率最起碼能達到 20%。

3.　節約資源是每個人應盡的義務，要讓企業裡的每個人都能從策略高度，充分認識資源節約的極端重要性，積極教育引導員工帶頭提高節水節電自覺性，強化節約意識，養成節約習慣，研究節約的機制，真正做到節約資源和費用控制人人有責、人人有為。

4.　在對新員工應徵、培訓，對老員工進行考核以及薪資等方面形成系統管理，建立符合公司特點的人力資源管理體系，逐步實現高層次運作。控制人工成本，使每位元員工工作量達到飽和，發揮員工最大積極性。

5.　在經營管理過程中，把成本控制和管理放在重要的位置來對待，做到強化管理，加大考核力度，努力消化並緩解策略性降價等因素給公司實現銷售帶來的壓力，為公司加快發展，實現做大做強的目標創造更好的條件。

當然，開源節流並不是只要老闆一個人就能做到的，需要靠廣大員工在自己的職位上以實際行動去執行，創造開源節流的企業文化，大家一起來思索開源節流。只有這樣，才能將開源節流的思想深入人心，各個部門和門市都要從點滴做起，從節約一張紙、一度電、一支筆開始，為企業多創造一份財富，少浪費一份資源。

借雞生蛋的利與弊

通俗的說，舉債就是借別人的錢。對企業而言，舉債就是借他人之資金

從事生產經營活動，以獲取扣除借款成本後的剩餘利潤。這是實現資本快速積累，加快企業發展的一條捷徑。因此，作為創業者來講，能夠正確認識舉債經營，對企業意義重大。

舉債的作用

1 · 舉債經營能有效地降低企業的加權平均資金成本

這種優勢主要體現在兩個方面。

首先，企業透過採用舉債的方式來籌集資金，通常情況下要承擔比較大的風險，但是相對而言，企業所付出的資金成本較低。如果企業採用權益資金的方式籌集資金，雖然財務風險小，但付出的資金成本相對較高。對於提供資金的一方來說，債權性投資風險比股權性投資風險要小一些，因而所要求的報酬率也會低一些。因此，對於企業來說，舉債籌資的資金成本就低於權益資本籌資的資金成本。

其次，企業透過舉債經營還可以從「稅收屏障」受益。由於舉債籌資的利息支出是稅前支付，使企業能獲得減少納稅的好處，實際負擔的債務利息低於向其投資者支付的利息。在這兩個方面因素影響下，在資金總額一定時，一定比例的舉債經營能降低企業的加權平均資金成本。

2 · 舉債經營能給所有者帶來「槓桿效應」

由於對債權人支付的利息是一項與企業盈利水準高低無關的固定支出，在企業的總資產收益率發生變動時，會給每股收益帶來幅度更大的波動，這就是財務管理中經常談到的「財務槓桿效應」。由於這種槓桿效應的存在，在企業的資本收益率大於舉債利率時，所有者的收益率即權益資本收益率，能在資本收益率增加時獲得更大程度的增加，因此，一定程度的舉債經營對於較快地提高權益資本的收益率有很重要的意義。

3‧舉債經營有利於企業控制權的保持

在企業面臨新的籌資決策中，如果以擴充股本的方式籌集權益資本，勢必帶來股權的分散，影響到現有股東對於企業的控制權。而舉債籌資在增加企業資金來源的同時不影響到企業控制權，有利於保持現有股東對於企業的控制。

4‧舉債經營能使企業從通貨膨脹中獲益

通貨膨脹是市場經濟發展的必然產物。在一旦發生通貨膨脹，就會出現貨幣貶值、物價上漲，而對於舉債企業來講，其舉債的償還仍然以帳面價值為標準而不考慮通貨膨脹因素。這樣，企業實際償還款項的真實價值必然低於其所借入款項的真實價值，使企業獲得貨幣貶值的好處。

舉債經營的風險

如果舉債不斷增加，將可能導致企業的財務危機成本。因為企業必須要履行支付本金和利息的義務，舉債增加，企業的壓力也就相應增加。一旦企業無法及時償還，就會面臨財務危機，而財務危機會增加企業的管理成本，減少企業的現金流量。財務危機成本可以分為直接成本和間接成本。直接成本是企業依法破產時所支付的費用，企業破產後，其資產所有權將讓渡給債權人，在此過程中所發生的訴訟費、管理費、律師費和顧問費等都屬於直接成本。直接成本是顯而易見的，但是在宣佈破產之前企業可能已經承擔了巨大的財務危機間接成本。例如，由於企業舉債的生產能力和服務品質受到質疑，使客戶放棄使用該企業的產品或服務；供應商可能會拒絕繼續向企業提供賒銷或信用額度；申請銀行貸款可能會被要求支付較高的利息；企業可能會因此流失大量優秀的員工。所有這些間接成本都不表現為企業直接的現金支出，但給企業帶來的負面影響是巨大的，並且隨著企業舉債額的增加，這

種影響就會越來越顯著。

怎樣才算合理舉債

舉債經營雖然是很多現代企業的必然選擇，但與此同時，舉債經營又利弊並存，那麼如何興利除弊，強化負債管理，有效合理地負債就成為企業舉債經營的核心問題。

首先，所有者和債權人的認同程度直接決定了企業舉債的規模。舉債規模通常是用資產負債率指標來表示的，其計算式為：資產負債率＝負債總額／資產總額×100%，資產負債率的大小與企業經營的安全程度直接相關。一般來講，在正槓桿率的情況下，企業舉債越多，利潤越大，資本利潤率越高。這種結構對所有者來講是理想的，因為企業用別人的錢經營，而增加了所有者的權益，但對債權人來講，企業的資產負債率越高，債權人承擔的貸款風險就越大，因此會設法收回自己的貸款或要求提高利息水準。在這種情況下，不僅不利於企業爭取貸款，而且有可能使企業資金周轉出現困難，影響企業經營安全，因此舉債規模應該受到限制。對於一般企業而言，普遍認為資產負債率30%為安全，40%較合適，突破50%，資金周轉將出現困難，債權人將會考慮提前收回貸款，並不再給予新的貸款支援。

其次，企業償還債務的能力也是必須要考慮的一點。企業的償債能力用償債能力指標表示，常用的短期償債能力指標有：

(1) 流動比率，即流動資產與流動負債的比率，該比率越高，表明企業周轉資金越充裕，支付能力越強。流動比率是測定企業償債能力的代表性指標，世界公認的標準為2：1。

(2) 速動比率，即速動資產與流動負債的比率，一般標準為1：1。速動資產是指扣除存貨後的流動資產餘額。

(3) 應收帳款周轉率。一般來講，應收帳款周轉率越高越好，周轉速

度越快，說明資金流動性好，品質高，同時帳款損失發生的可能性小。

(4) 存貨周轉率。存貨周轉率也是以高為好，表明周轉速度加快，可以提高全部流動資金的品質，降低呆滯存貨的損失。

同時，分析負債比率的高低還應考慮以下一些情況：

(1) 銷售收入。銷售收入增長幅度較高的企業，其負債比例可以高些。

(2) 經濟週期波動情況。一般而言，在經濟衰退、蕭條階段，由於整個宏觀經濟不景氣，多數企業應該盡可能壓縮舉債甚至採用「零舉債」策略；而在經濟復甦、繁榮階段，企業可以適當增加舉債，迅速發展。

(3) 產業競爭情況。商品流通企業因主要是為了增加存貨而籌資，而存貨的周轉期較短、變現能力強，所以其負債水準可以相對高些；而對於那些需要大量科學研究費用、產品試製週期特別長的企業，如果過多利用債務資金顯然是不適當的。

(4) 產品的市場壽命週期。假如所銷售的產品正處在其市場壽命週期中的成長期，並且有較好的預計投資收益，此時應適當提高負債比率，充分利用財務槓桿效益，以儘快形成規模經濟，提高企業的經濟效益；反之，如果該產品處於其市場壽命週期中的衰退期，銷售量急遽下降，此時，無論產品的預計投資收益如何，都應減少舉債，縮減生產經營規模，防止經營風險和財務風險的發生。

第八篇
頭頭是道的創業箴言

創業成功者和創業失敗者最大的差別並不是實踐的差別，而是思想的差別。因為成功是有必要條件的，而這個條件構建的真正起點不是創業者創辦公司的那一天，而是在此之前長時間的思想轉變。

微笑來自「剩」者為王的堅持

有一句話：「堅持不一定能成功，但放棄一定失敗」。創業者最需要的就是堅持，是不拋棄、不放棄。

創業者最好不要過分狂熱，這樣很容易浮躁而不願意正視困難，不正視困難就做不好解決困難的決斷。創業初期，可能面臨的並不僅僅是經濟上的拮据、營運的壓力，還有心理承受力的問題，很少有人能在初次創業的時候，長時間沒有生意而能繼續維持的。

除非是去做零售、搞餐飲、擺地攤，這樣能或多或少的「天天看到錢」，否則，如果在貿易、生產方面著手創業，又沒有立即開發成功的客戶，按照一般規律，即使是成熟產品，從新客戶或者潛在客戶階段開發到成熟的過程往往也需要最少半年；如果是新產品，那時間概念就至少要個一年以上。這樣的時候，怎麼辦？在「門前冷落車馬稀」的公司裡抓狂？

堅持，腳踏實地，先把自己養活了，認準一個營利的事，作出一個可行的計畫。這是做人做公司的原則，馬雲曾說過，「短暫的激情是不賺錢的，持久的激情才是賺錢的！」

人人都嚮往財富，人人都在不斷地追求財富。可為什麼財富總是青睞少數人，而與大多數人無緣呢？其根本原因就是在於，財富不是光靠想像就能得到的，它需要追尋者不但要有實幹的精神，更要有堅強的意志、不屈的毅力。

俗話說：「有志者事竟成」。這句話對投身於創造財富的人們來說，無疑是極大的鼓舞。不過「有志」雖然可以「事成」，但「有志」卻不等於「事成」。要想成功，就看你能不能堅持不懈，一幹到底。戰場上沒有常勝的將軍，商場上也沒有永遠的贏家，失敗是常有的事，就看你怎麼去對待它。如果每次

遇到挫折和失敗，都始終保持鍥而不捨的精神，並不斷地「逼」自己，去戰勝困難，迎接命運和生活的挑戰，那麼你就一定能夠獲得成功。在艱苦的環境下，堅定不移地去創業，去尋找我們想要得到的人生價值。

其實創業的人很苦，一般人看到的是他表面的風光，而不知他內心的辛酸，要想獲得成功就要付出比別人多 10 倍或者 20 倍的努力！還有就是要不斷地調整自己，提高自己的素養，每天都和那些積極面對人生的人在一起。

競爭雖然很殘酷，但是只要你客觀地去面對，這個過程本身就是一種享受。有的時候無論過程多麼漫長，無論每一步風險多大，但是就因為你堅持了，最終你得到了你最想要的東西！夢想成真！

「寶劍鋒從磨礪出，梅花香自苦寒來！」其實創業就像挖井。你挖了三天，筋疲力盡，沒有了體力和勇氣。你選擇了放棄，最終你一無所有，而你前期的付出也付之流水！但是你再堅持一點，那井水就會冒出來！那就是你要的結果。對一個創業者來說，最大的財富是你的勇氣和決心。認為是對的，就要堅持！態度決定成敗！

看看每一位成功人士，不管是政治家、藝術家，還是商界領袖都是透過孜孜不倦的努力，才成就了今日的輝煌！一個人如果沒有成功，沒有任何藉口，就是自己努力不夠！！

其實仔細想想，什麼產業都有贏家，也有敗者。產業沒有錯，失敗的是自己做事的方法和態度。張忠謀的台積電、詹宏志的網家、郭台銘的鴻海、施崇棠的華碩，那麼多的科技企業成為時代進步的受位者，成為最受關注的產業。

創業者要有堅持，有個故事講的是我們現實人生的另一個你，每個人身上都必須背負有一個十字架，做乞丐的十字架可能是草做的，很輕，背起來很輕鬆；做百萬富翁的十字架也許是鐵做的，背起來很沉很累；到了比爾·

蓋茲或王永慶這樣的成功人士這裡，他們身上背負的十字架可能是就更沉重的黃金十字架了。

　　這裡的十字架代表的正是責任、困難、痛苦、打擊等問題，也就是說你追求的夢想越大，你就得準備好面對相應的十字架重量。隨時鼓勵自己，不懈的努力和堅持是創業通向夢想的門票。

　　「努力不一定成功，但放棄肯定失敗！」它不僅僅是一個口號，它更是在自己最無助的時候鼓勵自己最實用的武器！每一位在路上的創業的人唯有永不放棄才有成功的可能！

多一點冒險的精神

　　以往，社會輿論導嚮往往集中在：創業需要才能，需要機遇。為此，有些人多方拜師學藝，面壁修煉，也有的結朋交友，積累人脈，結果激情的開始往往帶來悲情的結束。然而，一些成功創業的人士卻認為，創業沒有統一的標準可循，也沒有固定的模式可鑒，關鍵是要有膽量，找到方法，勇於突破。否則，再多的才能、再好的機遇也會在你畏首畏尾，猶豫不決中喪失，等到別人在生意場上笑傲江湖，你內心的不服又有什麼用呢？

　　其實，想要創業，想要成功創業，就必然要具有「敢闖」的精神，因為它是創業的第一步，也是不斷促進企業向前發展的至關重要的一步。從一定意義上講，市場經濟本身就是一種風險經濟。在市場經濟大潮中，風險、膽識往往與成功相伴，安穩、膽小常常同落後為伍。想創業就要拋棄那種墨守成規、循規蹈矩的陳舊觀念，用一種「破釜沉舟」的氣勢，敢闖敢冒險，勇於實踐。

　　創業，僅有智慧是不夠的。有勇無謀只能做個莽夫，但有謀無勇也只能做個懦夫。而現代社會裡，教育的發達和資訊技術的高超讓大多數人都有一

定的「眼光」，但膽量，卻絕非是人人都能具有的。從這層意義上說，智慧，只是膽量的一個組成部分。

說到底，即使創業環境再好，創業也會有一定的風險。有多少人能夠戰勝自己對穩定生活的留戀而去冒險呢？可是，不冒險，便沒有創業的成功，也就享受不到創業成功的快感。

創業，還是要多些膽量。因為膽量是尋求自我突破的內在力量，是勇氣和智慧的集合。而要多些膽量，對於年輕人來說，最首要的就是要打破傳統思維，勇於創新。

不過話說回來，雖然冒險精神是創業家精神的一個重要組成部分，但創業畢竟不是冒進。有一個故事：一個人問一個哲學家，什麼叫冒險，什麼叫冒進？哲學家說，比如有一個山洞，山洞裡有一桶金子，你進去把金子拿出來。假如那山洞是一個狼洞，你這就是冒險；假如山洞是一個老虎洞，你這就是冒進。這個人表示懂了。哲學家又說，假如那山洞裡的只是一捆劈柴，那麼，即使那是一個狗洞，你也是冒進。這個故事什麼意思？它的意思是說，冒險是你經過努力，有可能得到，而且那東西值得你得到。否則，你只是冒進，死了都不值得。創業者一定要分清冒險與冒進的關係，要區分清楚什麼是勇敢，什麼是無知。無知的冒進只會使事情變得更糟，你的行為將變得毫無意義，並且惹人恥笑！

克服自信和膽識裡的「賭場情結」

現在想創業的人越來越多，這是一種非常好的現象，也說明中國的經濟快速發展的動力依然強勁。因為創業的人越多，這個國家的創造力和創新能力也越強。

有句話說得很殘酷，但是卻很現實，「商場如戰場」。每一次的計較都是

戰爭，每一次的發展都是戰爭，每一次的勝利都是契機，每一次的失敗都是教訓。創業，考驗的就是一個人的智力和勇氣，還有一個人的執行力。實際上，一些人在創業上是走了彎路的，從一開始，態度就不對，沒有好好立足，努力發展的想法，更多的是想著一夜暴富，急功近利。有的甚至不顧自己的實際情況，借貸創業，把全家都綁在了他的創業戰車上，似乎覺得只要自己創業，就可以發大財。甚至有的父母在面對要求創業的子女時，往往也會動用自己的家庭積蓄來參與這場充滿泡沫與未知的商業賭局，讓創業變成學生們走出校園的一場家庭歷險記……

在這樣的形式下，創業這個行為已經被扭曲了，變味了，甚至成為了一場變相的賭博。當前的時代越來越浮躁，浮躁已經成為這個時代的一個特徵。但是，浮躁對一個創業者來說，卻是極其危險的。如果對於創業者來說，創業的行為已經成為一場賭博的話，那麼，這樣的創業往往會半途而廢甚至以慘敗收場。

很多風險投資家都有這樣的感覺，有些拿著商業計畫書投到門下的創業者的表現往往有點急躁和盲目。有的人的確有某項技術，但還沒有達到一定成熟的階段，就放棄繼續開發把它捧到風險投資家面前；有的人看到了可能的市場空間，但是還沒有開展扎扎實實的市場調查，就開始編寫商業計畫書；有的人有了實力比較強的團隊，幾個人碰頭一湊，隨便找一個項目來就拿它去融資；比較極端的一個例子是，曾經有投資機構收到一個年輕人送來的十幾份商業計畫書，他說：「這些都是我的創業設想，你們看著哪個好就挑一個投吧。」總之，這些創業者更像是為了創業而開始創業，急急忙忙投身進來。

實際上，現實很殘酷，創業不是賭博。創業之初可能誰都會在有意或無意中找到一個機會，然後一切都很順利。順利的有時會不知不覺中忘乎所以，這時一定要注意理解創業和賭博的區別。預期風險，規避風險，分擔風

險，最後想法化解風險。

　　創業不怕風險，但也要有勇氣面對風險，解決風險。這些來自對創業正確的部署，正確的決心、正確的判斷，要靠大量的資訊和周密的計畫做基礎的。而賭博往往是盲目的，也不可能有詳細的資訊和計畫做支撐。走到哪裡算哪裡的心態是要不得的，即使這一次運氣不錯取得小勝，但下一次的風險還會在前面路口等著你，只要有一次不慎失敗，想回頭重新再來就會很難。

　　什麼是創業？白手起家，一無所有地去開創自己的事業，是創業。用非常有限的資金，從小做起也是創業，當然，以技術、專利、網路為資本進行融資也叫創業。

　　創業要從小做起。在選擇項目時，就一定要考慮清楚，不要好高騖遠，不做假大空的項目。在你的創業初期，一定不要相信，很短的時間就能賺大錢的項目，這些項目十有八九都是騙人的。可以選擇一些投資小見效快的小項目。最好從銷售開始，因為無論你今後發展的好壞，有了銷售管道你就能立於不敗。

　　創業選擇產業最重要。在創業初始，最好選擇你比較熟悉的產業或者你喜歡的產業。熟悉的產業因為你了解，可以少交學費。你喜歡的產業，會讓你保持動力。當然，更要選擇一些新產業或者競爭少的產業。這樣的產業開始比較難做，但做好了發展潛力巨大。

　　創業要實事求是，不要一步到位。這一點是指創業初始，在創辦費和設備上，不要浪費。

　　創業要做好不如受僱者的心理準備。受僱時你只要做好本職工作，拿薪資就行。而創業是你發薪資給別人，而且，所有的事情都要你操心。可能剛開始一兩年，你會處在沒有錢的狀態。甚至，過著提心吊膽的日子。因為有許多的費用會出來找你的麻煩。

　　創業是很容易失敗的，但它和賭博不一樣。賭博輸了，會一無所有，可是創業失敗了，你卻積累了經驗和賺錢的方法。成功者不是他擁有多少財富，而是他知道如何賺取財富。所以創業要做好失敗的準備，更要做好，失敗了再重新開始的準備。

　　沒有人是一開始就很厲害的，厲害都是從傻變來的。不要想著一切都要順風順水，這樣就算能成功，那你的成功，也只能是「心比天高，命比紙薄」。其實，只要你建立正確的創業觀，選好產業，不怕失敗，一步一個腳印地勇往直前，那麼，你離成功也就不遠了。

　　最好的創業心態是，自然而堅定，冷靜而平和，因此，千萬別賭壞了你的創業。

永遠保持「空杯心態」

　　在古代，有一個學佛的人，本來他的造詣已經很深了，但當聽說某個寺廟裡有位德高望重的老禪師時，還是前去拜訪。老禪師的徒弟接待他的時候，他的態度極其傲慢，心想：我是佛學造詣很深的人，你算老幾？後來老禪師十分恭敬地接待了他，並為他沏茶。可在倒水時，明明杯子已經滿了，老禪師還不停地倒。他不解地問：「大師，為什麼杯子已經滿了，還要往裡倒？」大師說：「是啊，既然已滿了，幹嘛還倒呢？」禪師的意思是，既然你已經很有學問了，幹嘛還要到我這裡求教？這就是「空杯心態」的起源，象徵意義是：做事的前提是先要有好心態。如果想學到更多學問，先要把自己想像成「一個空著的杯子」，而不是驕傲自滿。

　　對於那些容易得意之時忘形，卻又最不該忘形的創業者而言，「空杯心態」無疑是一劑心理良藥。所謂空杯心態，最直接的含義就是一個裝滿水的杯子很難接納新東西。就是要將心裡的「杯子」倒空，將自己所重視、在乎

的很多東西以及曾經輝煌的過去從心態上徹底了結清空。只有將心倒空了，才會有外在的鬆手，才能擁有更大的成功。這是每一個想創業發展的人所必須擁有的最重要的心態。

因此，優秀者與成功者需要「空杯」。因為，優秀和成功只代表過去，要不斷向前，就必須時刻「空杯」，永遠「空杯」 —— 這是能夠確保恆久發展的唯一選擇！

我們每個人都有很多沒有激發的潛能，只要勇於「倒空」對自己的輕視和漠視，就有可能創造連自己都想像不到的生命奇蹟。

「倒空」過去，才有真正的創新。打破束縛自己的條條框框，你也可能成為傑出的創業者甚至產業領袖。

得意時需要「空杯」，失意時同樣需要。因為我們每個人都難免遭受挫折，創業者更是如此。而挫折正是「空杯」的最好良機。挫折給你最大的好處之一，同時也是逼你非走不可的一條路，就是重新認識你自己。在創業過程中，難免會遇到挫折和不如意。很多人一旦遭遇挫折，就會一蹶不振，無法走出挫折的陰影，久久不能釋懷。

因此，在挫折面前我們倒空過去，以「空杯」的心重新開始，才會更好地迎接將來。如果把人生比作一場盛宴，那麼絕不會只是一道好菜，只有不斷「空杯」，才能不斷提升事業與人生的境界。

當知道了「空杯心態」的作用，那麼我們更需要了解「空杯心態」的獲得方法，主要包括三方面：第一，開放：向新的可能性敞開，就有新的思路和機會產生；第二，放下：唯有丟棄妨礙你發展的東西，才有可能向未來邁開大步；第三，重生：告別過去，是為了獲得更美好的未來。

任何時候，任何情況下，我們都要這樣告訴自己：永遠不要把過去當回事，永遠要從現在開始，進行全面的超越！當「歸零」成為一種常態，一種

延續，一種不斷時刻要做的事情時，也就完成了創業生涯的全面超越。

找對創業合夥人

對許許多多的人來說，創業是一種夢想，不管業大還是業小，也無論收穫的是喜悅還是淚水，只要付出了努力，總比蹉跎歲月要好許多。於是，很多人在感到自己勢單力薄的情勢下，往往選擇朋友或兄弟姊妹合夥創業。然而隨著時間的推移和情況或好或壞的變化，合夥人之間的關係漸漸變得微妙。創業的路很長，打江山時，有一個夥伴在身邊是非常不錯的，他可以幫你分擔憂愁，而且可以幫你解決創業中的問題；但是坐江山時，他是否還能和你一起分享這份甘甜呢？

從大學時代，李思陽就開始有了開西餐廳的創業夢想，但由於時機不成熟，就先進入了受僱者的行列。兩年之後，李思陽的創業夢想更加的強烈，但是手上資金不夠，於是找來要好的同事尹小惠跟羅夢菲一起合夥。三人當中，尹小惠的財力最雄厚，因此出資最多，持有 51% 的股份。

出資的事情搞定後，李思陽辭掉工作，專心找店面、打理西餐廳，其他兩人就當資金股東，仍在公司上班。一年後，西餐廳賺了約 50 萬元，原本該大肆慶賀一番，沒想到李思陽心中已經滋生不滿情緒。

李思陽原本以為，自己辛苦了一年，每天中午 12 點開門，晚上 12 點關門，為餐廳盡心盡力，除了除夕外沒休過假。她為餐廳出的力最多，分到的錢應該最多。但結果李思陽拿到的錢比之前上班時還低，而持有西餐廳 51% 股份的尹小惠由於股份最大，因而分到了最多的錢。

李思陽認為不公平，她認為，誰的股份最多，就要為餐廳做更多的貢獻。而尹小惠認為，這個要求有點莫名其妙……兩個人的摩擦由此產生。

「一開始只是一個小點，雖然有一方讓步了，可是信任感就是不比以

往。」尹小惠無奈地說，「接踵而來的經營問題、年終獎金問題……每一件事都在雙方早已緊繃的關係上再扯一把。」

兩年後，李、尹、羅三人的合作關係正式決裂，再也不是曾經的好友，相反，已形同陌路。西餐廳也就此停業。

雖然這樣的結局沒有人希望看到，但卻無時無刻不在上演著。以至於很多參與其中的當事人發出悔不當初的感慨。相關專家根據大量的合夥經營的案例研究，得出至少有三種類型的人不能與之合夥創業的結論。

1 · 巧舌如簧、食言自肥型

有的人總認為自己有個聰明的腦袋，對生意場上的人情世故懂得比別人多，因而「走火入魔」，認為商場就是人騙人的地方，總想在與別人合作中多撈一點，多占別人一點便宜。於是，他們在與別人的合夥中對合夥人沒有半點誠意，把對方當成傻瓜，想自己的利益時多，想別人的時候少，斤斤計較個人得失，總想自己多占一點，少做一點。

對於這種類型的人有一個比較好辨別的方法，因為他們往往都有一個共同的特徵，那就是能屈能伸，就像螞蟥一樣，要與你合作或有求於你時，他的舌頭如同螞蟥咬人時的身體蜿蜒搖動，說話時音調動聽極了，這就是所謂好話說盡。一旦目的達到，過去所說的話都忘得一乾二淨，完全站在自己的利益上打算盤，這就是所謂的食言自肥。

2 · 好高騖遠、缺乏行動型

有些人之所以創業，是出於當「老闆」的誘惑。他們不甘心替別人當員工，再加上籌措一筆資金也不太困難，於是便有了自己當老闆的念頭。他們認為，只要有錢，做生意是最簡單的事情；只要自己往靠背椅子一坐，自有手下的人替他效命賣力。還有一些人本身貪圖享樂，不能從事艱苦複雜的創

業工作，看到當老闆住豪宅、開名車，羨慕那份尊貴與神氣，於是便想自己去當老闆。他們只看到了成功後的享受和榮耀，卻看不見創業的艱辛，眼比天高，心比海大。這種人往往在沒有合夥之前說起創業來豪言壯語，信誓旦旦，發誓要闖出個名堂來，一旦進入實質性的運作，需要投入艱苦的勞動或長時間的努力時，就沒有往日所說的那種幹勁了，或是得過且過，貪圖享樂；或是工作沒有主動性，平日在單位上為別人乾事時應付了事的那一套壞習氣就出來了。這些人往往沒有受過生活的磨難，沒有經受過創業的挫折，不懂得創業的艱辛，便以為當老闆容易，做生意容易；一旦需要投入艱苦的工作，需要長時間的努力時，眼高手低，耐心不足的臭毛病便顯露出來。

3·剛愎自用、唯我獨尊型

在當今社會中，剛愎自用、唯我獨尊的人有很多。一些人自認為自己比別人聰明，分析力比別人強，聽不進不同的意見，總以為自己的觀點與看法是最好的。當別人對他的一些觀點或看法提出不同的意見時，他常常認為沒有必要進行修改。對別人的意見或建議，總是輕易地給予否決，總想讓別人聽取專家的建議，而不是從客觀的角度來分析到底哪種方案更可行。這種人的思維方法主要是以偏概全，以點概面，偏激、固執，不易與人合作。所以，如果身邊有這樣的合夥「目標」，最好還是轉移一下。

不管怎麼說，金無足赤，人無完人。任何人都有其長處與侷限，優點與缺點同時並存。對於一般的缺點與侷限，我們在選擇合夥人時不能求全責備，要求對方十全十美，這事實上也是辦不到的，因為十全十美的人是不存在的。但對於具有上面所言的三種缺點與侷限的人，我們一定不能與他們合夥創業，因為這些缺點錯誤是本質性的錯誤，是長期形成的，一時半會是改不了的。

至此，我們了解了不能與之合作創業的三種人，那麼我們又該選擇什麼

樣的人作為共同創業的夥伴呢？過來人總結出以下兩點通用的標準。

第一，有德有才，人品過關。一起合夥創業的夥伴首先要人品好，作風正派，這樣才能與之建立長期的信任和合作關係。

第二，志同道合，容易溝通。既然合夥創業，那麼就要共同面對企業這個利益共同體，合夥雙方也都有責任主動地去溝通。凡事不要見面無聲，面後有聲。這往往是雙方的因素，但肯定有一方是主導。誤會的產生往往是誤認為別人應該會理解或明白，其實未必。解決誤會的最佳辦法是主動、積極、有效的溝通。

積極態度是成功的「育成中心」

創業者經常要面對一些難以解決的棘手狀況，要用積極態度來面對問題，這對企業建設至關重要，尤其是在創業初始階段。樂觀的心態能營造出讓人感到可靠的氛圍，把人才、創意和資源吸引到你身旁，奠定成功的基礎。著名成功學大師拿破崙·希爾說，「一切成功，一切財富，始於意念」。一個想創業的朋友，如果你暫時還沒發現機會或抓住機會，你不要怨天怨地怨別人，先想一想自己的態度是否積極？思想觀念、思維方式是否正確？

大家都知道牛仔褲的發明人是美國的李維斯。當初他跟著一大批人去西部淘金，途中一條大河攔住了去路，許多人感到憤怒，但李維斯卻說「棒極了！」他設法租了一條船給想過河的人擺渡，結果賺了不少錢。不久擺渡的生意被人搶走了，李維斯又說「棒極了！」因為採礦工人出汗很多，飲用水很缺乏，於是別人採礦他賣水，又賺了不少錢。後來賣水的生意又被搶走了，李維斯又說「棒極了！」因為採礦時工人跪在地上，褲子的膝蓋部分特別容易磨破，而礦區裡卻有許多被人掉棄的帆布帳篷，李維斯就把這些舊帳篷收集起來洗乾淨，做成褲子，結果銷量很好，「牛仔褲」就是這樣誕生的。

李維斯將問題當做機會，最終實現了致富夢想，得益於他有一種樂觀、開朗的積極心態。

看到這裡，或許你也想擁有李維斯這樣的心態。在此，我們特別提出幾點對樂觀積極心態的培養很重要的方法，以供參考。生活中的人和事會影響你的感受，但究竟怎麼想、怎麼做，最終決定權還是在你手裡。樂觀的思維方式能從正面引導你的個人成長，還能幫你在創業過程中獲得周圍的支持。

1. 把握自己的情緒，向積極靠攏。首先要意識到保持樂觀態度是一種選擇，然後帶著積極態度迎接挑戰。或許你會發現這個世界充滿著各種難以想像的困難和難以克服的阻礙，你心裡不可避免地也會產生一些負面想法，擾亂你的思維。遇到這種情況就先停下來，提醒自己，這些沮喪無助的感覺只是暫時性的。對自己說，你能把所有負面的東西甩到一邊，重新擁有樂觀心態。

2. 用行動「告訴」未來。作為一個創業者，你必須為自己的心態和行為負全責。與其浪費寶貴的精力去抱怨，不如將注意力放在某件現在能夠做到的事情上，努力向前走。只要一直向前走，你就會堅定信念，找出可行的解決辦法。記住一句忠告，如果你在兩天內都沒有將某件該做的事付諸行動，那麼這件事多半不值得去做。

3. 消滅內心的負面因素。把「但是」這個詞從你的詞典裡去掉，永遠用正面的態度去敘述事情。找出幾個能激勵你的詞語，必要的時候講給自己來調整心態。「我能行！」就是你的魔力咒語。

4. 相信會有好結果。不管遇到什麼情況都要告訴自己最後一定會有好結果。不要放過任何機會，即使看起來沒什麼希望的電話也要堅持打過去 —— 你永遠猜不出哪兒會冒出下一個好生意。仔細研究每個機會，結交新朋友，發掘新門路，相信你的公司會越做越好。

5. 讓環境幫你營造積極心態。你所處的物理環境對心態的改變起著巨大作用。創業者在這點上很幸運，因為我們可以經常改變辦公室的擺設，不用擔心同事或老闆的反應。只要有助於你放鬆精神，你可以把桌子擺在窗邊，然後掛一幅能讓你開心的漫畫或朋友、家人和寵物的照片。

事實上，一個擁有積極心態的人自然會受到別人的喜歡和敬佩，這也必將對你的事業提供更為有利的人脈資源。所以，從自己製造的負面情緒中解放出來吧，每天早上都對自己說：「今天會很好。」創造各種機會保持愉悅情緒 —— 即使只是 2 分鐘 —— 也足以減輕你身上背負的壓力，周圍的良好氣氛最終會支持你取得成功。

一切困難都是合理的

外人看到的都是企業家光輝燦爛的時候，其實他們付出的代價，誰知道？對於創業者來說，每一天每一個步驟，每一個決定都是很艱難的。

所有的創業者，都應該記住一句話：從創業的第一天起，你就得每天面對困難和挫折，而不是成功。

《聖經》裡有一段箴言：「你若在患難之日膽怯，你的力量就要變得微不足道。」世界上沒有永遠的冬天，也沒有永遠的失敗；在艱難和不幸的日子裡，要保持鬥志、信心和忍耐。成功的人也必然是一個能伸能屈、寵辱不驚的人。

一個企業的成長過程，實際上就是一個創業者成長的過程。創業者不斷地進取，企業不斷地發展；創業者喪失了進取心，企業的發展就會停滯甚至倒退。

無論我們做什麼事情，心態都是很重要的。想自己做一番事業，首先要

樹立一個堅定不移的心態，無論面對什麼樣的困難，都要堅信自己能獲得成功。但是要做到這一點，良好的心態是不可或缺的，因為什麼樣的心態決定了什麼樣的成就，什麼樣的心態決定了什麼樣的人生。有了成功的心態就會達到成就的道路。如果一個人沒有強烈的一定要成功的欲望，那他是不會採取任何行動來達到成就的目標。

成功對於我們每個人來說都不是一件容易的事，其中一點一滴的成就都需要我們艱辛的付出。每一個人成功的道路都是充滿了坎坷和曲折的，有些人把困難和不幸作為藉口，也有人在不幸和困難中尋找前途，只有勇敢面向困難永保活力，用理智戰勝一切才能成為命運的主宰者。

有一位學者曾經很形象地比喻人生：人的一生猶如嬰兒初啼，雖有苦澀，但卻是全新鮮嫩，不管你遭到何種挫折與苦難，只要你不放棄自己，就沒有任何事情可以難倒你。樂觀是心胸豁達的表現，樂觀是生理健康的目的，樂觀是人際交往的基礎，樂觀是工作順利的保證，樂觀是避免挫折的法寶。

用樂觀的眼光看世界，世界是無限美好的，充滿希望的，我們生活就會充滿陽光。

世界上沒有只勝不敗的訣竅，創業者只要具備了臨危不懼、重振雄風的信心和勇氣，就擁有了披荊斬棘、所向披靡的利器，這樣就必定能克服前進道路上的一切困難，到達成功的彼岸。

守住道德底線：君子愛財，取之有道

創業是為了賺錢。從大的方向來說，賺錢的方式無非兩種，即「有道」和「無道」。靠勤勞致富，靠知識致富，靠才能致富，靠資本致富，這類致富只要不違反法律或道德規範，對於社會經濟的發展和人類文明的進步都能造成積極的促進作用，因而可以稱為「有道」；另一種是缺德致富，只要能賺

錢，貪汙受賄，巧取豪奪，坑蒙拐騙，為非作歹，無所不為，這種類致富通常會違反法律或違背社會公德，對於社會經濟和人類文明都是一種破壞，難免為世人唾棄，故可認為是「無道」。

孔子說：「富和貴是人人都想要的東西，但如果不是以正當的方法得到，寧願不要；貧窮與低賤是人人都不想要的東西，但如果不是用正當的方法消除，寧願不消除。君子一旦丟掉了仁還怎麼能叫君子呢？君子在任何時候都不能丟掉仁，哪怕是在吃頓飯的時候、匆忙的時候，甚至在顛沛流離的時候。」

這一段話旗幟鮮明地表達了孔子的富貴觀，總結為一句話就是，「君子愛財，取之有道」，這個「道」不是指怎樣賺錢的方法，而是賺錢的方法必須符合社會正義原則。

梁莫城經營著一家農用產品商店，每到春忙時節，就成了他們的銷售旺季。一天，一位老顧客來到店裡，梁莫城忙上前打招呼。這位顧客需要兩個手扶農耕機的輪胎，梁莫城給他做了詳細介紹後，顧客選中了其中一款。付錢的時候，顧客從裡面的口袋裡掏出了一疊鈔票，數完後遞給了梁莫城。他看這位顧客數錢時就感覺不對，9,000 塊錢他卻數了 18 張 1,000 塊的。

梁莫城接過來一數，果然是 18,000 塊。

「你怎麼給我這麼多呀？不是 9,000 塊嗎？」顧客有點愣住了：「那你說是 9,000 塊一顆，我還問了你兩遍，都聽你說是 9,000 塊一隻。」

梁莫城忍不住笑：「哈哈，我是說 9,000 塊一對，這個規格滿市場也沒有 18,000 塊的價呀！」隨即把他多給的 9,000 塊錢遞給了他。

這位顧客也靦腆地笑了，樸實中也透著善良。

梁莫城對老婆說：「我們賺我們該賺的錢，不屬於我們的錢一分都不會要。」

　　還有一次，有個小夥子來買貨，1,370元的貨款他給了梁莫城1,700元，梁莫城笑他錢多，把多餘的錢還給了他。告訴他以後買東西的時候注意，幾百塊錢也不那麼容易賺來的。小夥子點頭稱是，帶著感激的目光離去。

　　在梁莫城看來，賺錢的方式有很多，他們也希望賺得越多越好，誰見了錢都喜歡笑。但只要對得起良心，憑自己的本事賺錢，就心安理得！

　　有人曾經用樸素的語言詮釋過傳統的商業倫理，「童叟無欺」一度是對商家的最高讚譽，就像案例中的梁莫城這樣的經營者一樣，只賺該賺的錢，不賺不該賺的錢。然而，這一信條現在已經被一些商家以市場經濟的藉口衝擊得支離破碎。所幸的是，越來越多的成功的商家都達成了這樣一種共識：好的商業道德會帶來好的生意，好的商業倫理是企業永續發展的原動力，儘管好的商業道德不一定保證賺錢。

　　在全球化的今天，一個企業要想獲得真正的成功，衡量的指標已不僅僅是利潤。怎樣來遵守商業社會普遍的價值觀？怎樣在一個市場經濟社會不越過商業倫理的底線？君子愛財，如何取之有道，已經成為每一個企業必須面對的問題。

　　人有貪心，則心有私欲，在這樣的思想支配下，做起事來就會無視規則。我們並不否認，利己是人的本性，人們總是在追求更多更大的利益，這種利己來自於人的欲望。滿足欲望需要物質財富特別是金錢，有了錢才能購買滿足各種欲望的物品與服務。追求財富本無可厚非，但是，當追求財富變成一種攫取，將黑手伸向別人的錢袋時，那麼你的人格將隨之一落千丈。

在談判時保持平等意識

　　在行銷活動中，小企業總會面臨許多與其他單位或個人進行磋商的實際問題，這就需要透過談判來解決。行銷談判是企業行銷活動的一個重要組成

部分。因此，了解和掌握行銷談判的方法與技巧，對小企業做好行銷活動具有重要意義。下面，就行銷談判的主要內容、基本方法、談判技巧進行一些介紹，以供參考。

1·行銷談判的主要內容

行銷談判是指交易雙方為了各自的經濟利益在一起進行磋商，反覆調整各自提出的條件，最終達成一項雙方滿意的協議過程。行銷談判中雙方都應遵循一定的原則，包括平等自願原則、等價互利原則、合作競爭原則以及有限度的彈性原則等。行銷談判以一般產品或勞務為中心，磋商的內容通常包括：

(1) 產品種類。如產品名稱、牌號、商標、型號、規格等若干內容。

(2) 產品品質。如品質、技術標準、衛生標準、產品等級、產品包裝等。

(3) 產品數量。如成交總量及計量單位、發貨批量等。

(4) 價格。如基本價格、價格折扣率等。

(5) 支付期限與方式。如規定貨到後何時付款、現金或支票結算等。

(6) 運貨方式。如送貨、提貨方式等。

(7) 保證措施。如壞損產品的退賠、品質問題的承擔、產品的修理保養等。

(8) 其他內容。如違反協議的索賠與處罰。

技術性強的產品、複雜的設備以及大中型工程項目的談判，不僅涉及商品、服務內容，而且還涉及技術內容。

2·行銷談判的方法

行銷談判是一種透過語言交涉而進行的合作，有其基本的方法。大致來

講，行銷談判的方法既有共性，又有個性。共性即指買賣雙方都可以運用；個性即在不同的行銷環境中，針對不同的行銷目標和不同的談判對手，行銷談判的方法不同。賣方企業可利用的談判方法有以下幾種：

(1) 對對方提出的要求順從或滿足。如果產品購買方提出的條件並不苛刻，在賣方預期的要求之內，就可以滿足對方；如果行銷環境有利於購買方，如賣方競爭比較激烈，產品出現過剩，賣方企業也可採取這種談判方法。要注意的是，順從對方的要求，並不意味著全盤接受對方的條件，某些退讓是有限度的。

(2) 盡可能地使對方順從或滿足自己的要求。如果行銷環境對產品賣方有利，如供應壟斷、短缺產品或買方競爭比較激烈，賣方企業可採用這種談判方法。

(3) 談判雙方同時順從和滿足對方的要求。當談判內容很多時，賣方企業可在滿足對方某些要求的同時提出某些條件。在行銷環境穩定、產品供求雙方均有一定選擇餘地時，這種談判方法比較常見。

(4) 談判雙方都把自己的條件降低而滿足對方的要求。在行銷談判中，「討價還價」是一種常見現象，只有降低自己在某些方面的要求，對方才會相應降低其原先的要求，以此求得談判中經濟利益的相對平衡。

3 · 行銷談判的技巧

在同一談判中，行銷企業可以選擇並交替使用不同的談判技巧。但是，在某一特定的談判對手面前，要取得有利的談判結果，行銷企業還應當掌握以下一些談判技巧。

(1) 我方有利型談判技巧

規定最後期限。即談判一方向對方提出達成協議的最後期限，超過這一期限，提出者將退出談判。

不開先例。即不隨意接受對方的交易條件，尤其是價格等條款。所謂「先例」是指在過去的交易中從來沒有答應過的某些交易條件。賣方在運用這一談判策略時，對所提出的交易條件要反覆斟酌，說明不開先例的事實與理由，並使對方確信。

價格陷阱。即利用商品價格的變化以及人們對其普遍存在的心理，把談判對手的注意力吸引到價格問題上來，使其忽略對其他重要條款的討價還價，從而爭取談判的主動。

(2) 互利型談判技巧

休會。在談判進行到一定階段或遇到某些障礙時，談判雙方或一方提出休會一段時間，使雙方有機會恢復體力和調整對策，從而推動談判順利進行。

非正式接觸。談判人員有意識地同對手非正式接觸，一起娛樂遊玩，以便增加雙方的了解與友誼，促進談判順利進行。

開誠佈公。談判中，談判人員袒露自己的真實思想，往往會促使雙方通力合作，使雙方在誠懇、坦率的氣氛中達成協議。

潤滑聯絡。談判人員在相互交往中，透過餽贈一小些禮品以表示友好和聯絡感情。

(3) 我方不利型的談判技巧

疲憊戰術。透過多個回合的拉鋸戰，使對方感到疲勞厭倦，以此逐漸消磨其銳氣，把我方在談判中的不利局面扭轉過來。

先斬後奏。也即是先成交，後談判。實力較弱的一方透過向對手提出一些附加利益，促使協議達成。

這些行銷談判的技巧是一些平時常用的策略。如果你是有經驗的談判人員，不妨在實際談判過程中隨機應變，綜合運用各種談判技巧。因此，要想在談判中取得主動並獲得成功，必須在實踐中認真體會、用心磨練。

小心以幫助為藉口的「殺熟人」

「殺熟人」，一個聽起來有點讓人心驚肉跳的字眼兒。「殺熟人」被定義為「做生意時，利用熟人對自己的信任，採取不正當手段賺取熟人錢財」。

「殺熟人」之所以成功率高，主要是因為華人特有的人際交往模式所形成的心理定勢：人際交往時，對於「外人」、「生人」易於採取某種排斥、不信任的態度；而對「自己人」、「熟人」則易於採取信任、合作的態度。

蘇子健就遭遇了一次「殺熟人」。為了從裁員的陰影中走出來，自己創業開了個小旅行社。為了有個名號，面對客戶時，不讓對方覺得自己是個小公司，同時也是出於對未來的美好憧憬，想把事業做大，蘇子健決定找人做個漂漂亮亮的 LOGO，掛出去也有很大面子。

當時他也不懂設計，就找了老婆以前的設計師同事。蘇子健特意請設計師吃了頓飯，把公司情況、業務、文化以及想要的風格，都痛痛快快說給他聽，設計師倒是吃得很開心，全盤答應儘快設計，但是費用他也很明確，熟人五萬，先付 50%！因為蘇子健對設計並不懂，連價都沒砍，就痛快答應了；因為想著是熟人，說不定人家已經給了很低的價格了。

但是，雙方合作的並不愉快。設計師的稿子蘇子健很不滿意，但設計師強調自己的「理念」並拒絕修改。出於面子，蘇子健還是把餘款匯給了他。蘇子健後來在臉書寫道：「就當錢讓賊搶了！」他說，自己每次看著那個劣質

的設計稿就氣死了，並且發誓，以後想設計個什麼，先去網上查查，不能再找熟人了，這是什麼熟人啊，簡直就是吃人啊！！這裡也提醒大家，千萬別等著被殺，索性自力更生，尋求眾人幫助才能解決問題，還不會影響到人際交往和自己的心情。

殺熟人是因為你離他近，不防備；殺熟人是因為你不好意思，該對別人說的話，在該說的時候沒有說出口；殺熟人是因為你最終無法板起面孔，總認為拉不下面子。

但是創業的路上，如果總是被熟人一刀一刀地割，那滋味可不好受，所以，創業者對殺熟人的行為一定要加強注意。任何工作，都要按照市場規範來運作，才是最安全的，下面是幾招對付殺熟人的技巧，或許對創業者有所啟示。能使你防止被「殺」，又不傷朋友的面子。

1. 傳銷：聽到朋友、同事讚頌你，但不失時機地指出了你某方面的欠缺時，警報拉響。你可以微笑著說，這部分欠缺正好是你最喜歡自己的地方。如果不幸人家開門見山向你提起或出示了某種產品，你可以「驚訝」地說，一個比對方跟你關係更近的人，剛巧已經推銷了該產品給你。

2. 保險：對於不知道哪裡搞來你資料的代理人，想必你還好對付，可如果是朋友，在某個場合向你滔滔不絕說某個險種的好處，或者無比關切地為你的生活未來考慮時，切記，不要說他（她）推薦的險種不合適，那樣會引來永無止境的繼續推薦，也不要說對他們公司不了解，除非你能容忍長篇的公司介紹。給他來個乾脆你有嚴重的迷信思想，認為買了保險會倒楣。

3. 吃飯：朋友的飯店第一次去得，以後去不得。第一次往往是開張時候大請賓客，造聲勢拉場面，以後就等著你去為他賺回房租開銷

了。所以建議你吃完以後就當朋友沒開過這家飯店，千萬不要對別人吹噓那家店是我朋友開的。當然，萬一無法避免地走進了朋友的飯店，哪怕是公費，也要先悄悄把老闆拉到旁邊說：「今天是我自己買單請客，請的都是有身分的人，這些人以後可能都是你的回頭客，多關照。」接下來，你就祈禱著朋友能發發善心，今天的刀頭鈍一些。

4. 裝修：朋友的裝潢工作室基本上請不得。你可能看過朋友帶你參觀的裝修現場或樣板房，但你要知道，這很可能就是今後的禍根所在。最好的辦法，朋友對你熱情說起裝修各種技巧和經驗時，你可以同樣熱情地邀請他為你裝潢工作室，貨比三家嚴格把關，或者出錢請他來做你的施工監理。至於理由，你可以說，那幾家都是你頂頭上司熱情介紹來的。

別把急功近利當作雷厲風行

在現今市場經濟的大背景下，很多人開始浮躁起來。招商企業的誘惑，招商媒體的慫恿，使得創業者開始變得越來越盲目，急躁，在相當程度上變得急功近利！特別是不時傳到自己耳朵裡的神奇快速的創富故事，更是催生出了人們急功近利的心態，而這正是很多創業者最危險的「心魔」。

要知道，創業不可能一蹴而就，最忌的就是急功近利，任何一步登天和一夜暴富的想法都是不符合實際的。

「他們太注重結果。」某企業家這樣歸納。那些偉大公司的創始人，很少在開始創業的時候，就想到自己要創立一家偉大的公司。

「過多關注發生機率很小的事件，並相信自己將成為那個發生機率很小的事件的受益者，是這個創業時代的典型體現。」某著名投資管理有限公司老

闆如是說。

　　一個好的創意可以從聽故事中學到，但是一個團隊的精神，一個人的潛力，是不可能靠聽故事學到的。過於追求「立竿見影」、把「急功近利」當做「雷厲風行」，都是創業者的大忌。

　　要知道，想創業和真正實施創業之間是有距離的。把迅速成為企業家作為目標，只看重別人的成功而忽視自我鍛鍊，失敗就成為注定的事。

　　小劉從大學一畢業就進入了一家知名的集團工作，良好的工作環境，不錯的薪水待遇，擁有一份令同齡人羨慕的工作。可是，每天朝九晚五的工作時間、重複的工作內容讓性格活潑開朗的小劉感到太枯燥。於是，當她在網上看到別人自己做小老闆，創業獲成功的故事時，心中不免也萌生出了「創出屬於自己的一片天地」的想法。

　　由於小劉的家人從事的是服裝品牌企劃方面的工作，社會關係也不錯，小劉本人學的專業又是企業管理，於是她就從管理一家服裝店鋪開始了自己的創業之路。經一番籌備之後，小劉的服裝店開業了。在接下來的半年時間裡，小劉對服裝進出貨的流程、陳列樣品、色彩搭配以及相關的售後服務都有了比較深入的了解，專業知識越來越爛熟於心，並對一些老客戶的身體特徵以及特殊要求、特別喜好等基本資訊進行收集整理。同時，小劉也對店內的員工進行了指導培訓，店鋪的生意開始走向穩步發展，不少客戶還與小劉成了好朋友。

　　為了活化庫存同時也為了擴大銷售，小劉準備再開三家店鋪。當一些朋友知道小劉的擴展想法後，都勸小劉不要急功近利，做好市場調查分析之後再做決定。但小劉沒有聽從建議，固執地於隔又開了兩家分店，並統一了店鋪的形象和道具，準備大幹一場。剛開始兩個月的時間和商機都比較好，原先的庫存流動了起來，也沒有出現虧損的現象。然而，到了新品上櫃的時候

小劉才發現，由於店鋪產品的定位和周邊消費群的消費能力有一定的差距，加上三家店鋪需要投入的精力較多，資金的周轉量又大，而她也實在沒有辦法來分身管理，所以兩家分店的生意沒有太大的起色。在經營了 6 個月後，小劉無奈地關閉了後來新開的兩家分店，轉而一心一意地打理原來的服裝店。

從小劉的創業經歷可以看出：如果沒有做好充分的調查分析，沒有碰到合適的條件和機會，創業者僅憑一腔熱情就盲目地擴大規模急於擴張，最終很可能給自己帶來投資損失和經營風險，釀成失敗的後果。

在從事創業活動時，有衝勁、有幹勁是優勢，但要注意防止出現心高氣盛，願意當老闆不願做學徒，想一步成就事業。所以容易對自己的能力過分高估，控制全域的能力不足卻盲目樂觀，不待條件與機會成熟就急於發展，對於可能遇到的困難又猜想不足，碰到問題又處理不當，一步錯而致步步錯。

在此，我們想提醒有志創業的朋友們：一定不能急功近利，只有夯實基礎，一步一個腳印地向前推進，才能夠取得最終的成功，開創屬於自己的一片天地。

第九篇
比比皆是的失誤陷阱

人人都可以創業，但不是人人都可以創業成功的。這其間有著許許多多成功創業的小祕訣，而這些祕訣也並非都來自創業成功個案的經驗，很多是從失敗的例子中去反省、領悟而來的。創業者一步步地去執行，才能逐漸地邁向成功之路。

「桃園」兄弟，做好準備再「結義」

「人分四種，一種人是既能做朋友，也能做事；一種人是只能做朋友，不能做事；一種人是只能做事，不能做朋友；還有一種人是既不能做朋友，也不能做事。」

創業初期，往往會因為各種原因，需要選擇合作夥伴和自己一起創業，要麼是因為有著共同的目的，要麼是出於互相信任，先來一個事業上的「桃園結義」。走在一起來合作經營一個專案雖然能解決很多問題，但同樣這時候有很多的問題會產生。為了合作更加愉快和長久，為了長久目標的發展，我們應該注意以下幾點：

明確選擇合作的原因

當事業的發展讓創業者不得不選擇合作者的時候，我們選擇合作！因為合作可以使專案獲得更好的發展，合作可以使雙方實現資源分享優勢互補，合作可以使自己變得更強大。

合作雙方的目的和目標

但凡商業合作，都需要有共同的方向和目標，合作雙方或多方之間只有有了一個共同的創業目標，才能走到一起來，所以目標的正確將直接關係到合作的成敗，同時也是能否找到合作夥伴的關鍵。在選擇合作夥伴的時候，需要明確合作夥伴有什麼樣的合作資源，這種資源就是你選擇和他合作的目的。有了清楚的合作目的和共同目標，合作關係才能成立。

合作夥伴的職責

當合作開始後，創業合作者要明確合作夥伴各自的職責，職責分工不能模糊，最好拿出書面的職責規定，因為是長期的合作，明晰責任非常重要，

這樣可以在後期的經營中不至於互相脫卸責任，反目成仇。

各自的投入比例與利潤分配

雙方一旦確定合作，就必然要量化合作投入的比例，這是根據各自的合作資源作價而產生的。因為投入比例和分配利益成正比的關係，也要書面明細清楚；當然根據經營情況的變化，投入也要變化。在開始的時候，就要分析後期的資金或者資源的再投入情況，如果一方沒有再投資的實力，那另一方的投入會轉換成相應的投資占股，來分配投入產出的利益。根據合作雙方約定的書面分配合約，分配雙方的利潤。

完善退出機制

合作的時候也要想到「散夥」，因為可能由於各種原因導致合作無法進行，其中的一方會選擇退出。那麼，事先就要明確退出時的投入比與退出比的比例，以及怎樣補償，由誰承接。這些要提前書面規定，寫到合約裡，避免以後發生糾葛。不要意氣用事，不要認為「大家都是朋友，不必斤斤計較」。合理的退出機制是合作的很重要的組成部分！

合作中雙方摩擦的預防

合作雙方難免會在後期的經營和利潤分配方面發生矛盾，那麼在合作之初就應該合理地安排分工及職責，明確合作雙方的責任，保持一個良好的經營合作氛圍，預防摩擦的發生，一旦出現了摩擦，要用積極的態度來解決摩擦，以求公平合理地考慮雙方的利益。

合作者之間建立商業信任

很多小企業在合作之初，常常未對一些合作細節進行明確規定，其實這樣的做法是不正確的。當出現問題的時候，沒有一個根本的辦法解決，以至

於互相攻擊，各自抱怨。而正確的做法是，無論合作方是誰，即使是朋友或親人，也要建立在商業契約的基礎上，用商業契約的解決方法去解決合作糾紛，避免留下後遺癥。這樣一來，一切的合作細節都提前規定，提前明晰。只有一切合約化，才能創造一個良好的合作的平台！

全新的領域和「不熟不做」

現實中，有不少創業者在創業之初由於不知道選擇什麼項目經營，常常向親朋好友、同事、專家、創業培訓機構諮詢請教。這其中，即使是專業人士，給出的回答也往往會使一些創業者感到失望：「我們不會也不能直接給你推薦項目，而會教你一整套選擇和評估項目的思路，我們希望靠你自己選擇適合自己的項目！」其實，只要仔仔細細去熟悉市場、調查市場、研究市場，就不會沒有做生意的機會，所謂「留心處處皆商機」。

在創業者的項目選擇方面，專家給出如下幾個建議：

一、拓寬選擇項目的管道

對於一般的創業者而言，可以透過多種管道獲取專案資訊，比如網路、圖書館、電話號碼黃頁、財經雜誌、貿易出版物、朋友和熟人、競爭對手、投資貿易洽談會、工商協會、研究機構、專利部門、經銷商和批發商、政府有關部門、房地產經紀人等處。另外，有條件的創業者還可從競爭對手、旅遊考察、小企業管理課程和創業講座得到獨一無二的專案資訊。甚至，還可透過從改進現有產品和服務、客戶抱怨中獲取一些原創性的思路。

二、要有正確和先進的項目理念

我們都知道「不熟不做」的道理，創業者在選擇創業項目的時候，要注意和自己過去的從業經驗、技能、特長和興趣愛好等相吻合。可以說，越吻

合越有內在和持久的動力，成功的可能性也就越大。需要提醒的是，創業不要盲目跟風，進入熱門產業未必人人都能夠賺錢，走點冷門可能反而好做。

三、創業專案需要一點創新或者獨特的新意。

如果投資額度在幾萬到十幾萬元，最好不要做革命性或者全新的項目，因為這些項目的市場推廣難度非常大，風險非常高。事實上華人企業家大都在項目上進行國際水準跟蹤性、局部性的改良。比較好的小生意是把現有各個領域先進性的東西組合到自己的專案中來，走「組合創新」的道路。

四、客觀評價自己

對自己要有一個明確的認識，不要一味地覺得自己真的很能幹，似乎什麼東西自己都清楚，其實一個人的優勢和特長是有限的。如果不能客觀地評價自己，很容易被自己欺騙。而要想客觀地評價自己，就要讓你的親人朋友告訴你，你性特別向還是內向？是否吃的了苦？是否放得下面子？是否有良好的表達能力？是否有良好的心理承受力？是否適合獨立做事？是否有依賴性？是否是個樂觀的人？是否有很強的自控力？等等。只有把這些都調查清楚了，才明白自己到底是個什麼樣的人。

五、不要做高新技術和市場不成熟的產業

高新技術產業看起來利潤可觀，但實際上其進入門檻也很高，不是小本創業所能夠達到的水準，一旦沒有資本支持將很難堅持下去。

「以小賣小」不耽誤大生意

對於創業者來說，在最初的選擇上總存在困惑，容易忽略一些有價值的東西，把自己的空間限制得很小。那些「小」的機會，往往為大家所忽略。

而成功者恰恰是在這些產業中作出了貢獻。創業者要善於識別有價值的機遇，不要在意事情本身是大是小。小事更適合普通百姓，因為它們的進入門檻很低，不需要太多資金或場地，大多數人都可以具備這樣的條件。對那些有眼光、善經營的人來說，「小」同樣能創造豐厚的財富。

創業者的性格氣質也發揮決定性作用，那些外向性格特徵明顯的創業者具有較高成功率，他們對社會資源的整合能力強，並且能夠堅定不移地推進業務。同時，勇於冒險的創業者的成功率也相對較高。

其實，要想創業成功，非常關鍵的一點就是「勿以事小而不為」。很多小的東西蘊藏著巨大的商機，市場廣大，任何一個小生意，只要耐心開掘都能發財致富，對普通百姓尤其如此。

當然，小本創業並不代表沒有更大發展的可能。如果要想從小本創業中擴大事業版圖，創業者必須具備以下兩個觀念。

首先就是賺取利潤後要追加投資。當創業者在賺得一定的利潤後，最好是再投資擴大生產規模。例如 SOHO 一族可以買更先進的設備，路邊攤和網路開店可以朝實體門市的目標邁進。

其次是眼光放遠，朝永續經營邁進。許多從幾萬元開始創業的人最初可能是違法經營或無法繳納稅金，但是這些都只是過渡期的短暫措施。要想把事業做大，創業者必須將眼光放遠，朝合法、大型、連鎖的夢想前進。這些都不是癡人說夢，許多大企業老闆剛開始創業的時候，也是幾萬、十幾萬的資金，只要能夠腳踏實地地經營，一步一個腳印地努力，相信小本創業一樣可以成就一番大事業。

警惕那些「天花亂墜」的廣告

毋庸諱言，創業成功沒有捷徑可尋，不管是傳統的實體生意還是電子商

務，都需要創業者的務實和努力，那些公然號稱能賺多少錢、輕鬆致富的資訊是不負責任的。

在現在資訊十分發達的商業社會裡，廣告成了無處不在的一種資訊方式。它既是一種服務性產品，也是一種功利目的很強的商業資訊，甚至有人把整個現代商業稱為「眼球經濟」。可以說，廣告已成為我們生活的一部分。鋪天蓋地的商業廣告，更是廣大投資創業者必讀的「臉書」。但是，如果你想從商業廣告中選擇項目創業和致富，就必須具備一雙火眼金睛了。

五花八門的報刊媒體上，各種商業廣告和致富投資專案可謂層出不窮，浩如煙海。看起來頭頭是道，無懈可擊，但我們還是提醒一下準備投資創業的人，一方面要看緊自己的荷包，珍惜多年的積蓄，保持足夠的理性和耐心；另一方面還要睜大眼睛、仔細研究，看清冠冕堂皇的廣告背後有沒有一條狐狸尾巴。

需要特別提醒的是，初期小本創業者千萬不能盲目引進加盟連鎖。加盟連鎖產業本身是值得推廣的，一個成功的加盟連鎖除了盟主自身的資質夠格以外，加盟方自身也要具備最基本的能力與素養，最起碼具備初步判斷評估在當地是否有操作可能性的能力，以及基本的商業運作能力。這就是當前為什麼太多的小本者加盟失敗的原因：許多小本創業者根本不具備實際操作的能力，想依靠加盟連鎖來彌補自己的不足。商海無情，如果你不具備基本的商業操作能力就不要引進加盟連鎖，現在加盟連鎖產業十分混亂，初期的朋友如果硬要踏進來，那麼你就準備些問路錢。看看你身邊所有的生意種類，你在互聯網上看到的成千上萬的加盟連鎖在當地有多少，成功了幾個、失敗了多少。不要把加盟連鎖看得那麼神奇，它不能使你在初期走捷徑，更多的是讓你走彎路。

那麼，我們又如何來成功規避投資風險，認清以圈錢為目的的欺詐

廣告呢？

　　在此，我們為創業者指出幾個需要加倍注意的欺詐廣告的明顯特徵，希望能造成借鑑作用：一是投資非常的少，利潤卻出奇的高，而且又沒有風險的項目。稍微想一想，要是真有這樣的好事兒，他會告訴你嗎？二是一些簡易加工、組裝，就產生暴富的事例，這些也是掛羊頭賣狗肉，騙錢者居多。三是那些所謂的專利產品、高科技產品，這些公司位址多在大學和學術單位或附近，聯絡人為某某教授，同樣需要引起警惕。

　　如果某一天你看到一個自己感興趣的項目，那麼，接下來你需要做的，就是充分了解這個產業，比如立即深入地去了解當地的市場和情況。如果你得出的結論與廣告相符合，可先打電話諮詢。打電話一定要找到老闆或直接負責人。不要相信他沒時間接電話，因為花錢登廣告是個大事。你是他的客戶，不用客氣。他不接電話不是在擺譜，就是想製造熱鬧和繁忙的氣氛。與負責人通電話時，要廣泛探討和多方質詢，看他是否非常內行。解釋和回答問題是否誠懇、合理。又不用他付電話費，如果他不耐煩，或總是請你來公司考察，或舉例，或發誓，都不能說明什麼；如果是圈套，那麼考察、舉例、發誓肯定是套路的一部分。要掌握話語的主動權，把話題引到套路之外。

　　經過電話諮詢，沒發現任何疑點的情況下，就需要赴公司考察了。但要注意這樣幾個失誤：首先是公司場面大，並不能說明全部問題，合理、適度才是真實可信的。其次不要被氣派的門面和高檔接待搞量，考察只是決策中的第二步，不要欠下人情。第三要學會運用反向思維，站在對方的立場上觀察和思考問題。注意研究公司的背景和經歷，冷靜觀察對方是不是一個想做事、能做事的公司，各種步驟設計和運作模式是否真實、合理、負責；是短期行為，還是志向遠大、長期合作；是否平等而公正地對待合作夥伴。要知道，招商者現在不是、將來也不是你的上級和老闆，你們只是分工不同的合

作夥伴。誰冒風險誰決策，誰決策誰負責並承擔後果。最後也是最重要的，就是關於價格和責權利的談判。這時候就需要你的知識、閱歷、理性和悟性了。沒有什麼金科玉律，但是有一個平衡原則一定要記住：首先是權利的平衡。一切制約都是相互的，比如你在使用別人的品牌時，也是在為他的品牌積累無形資產。其次是利益的平衡。世界上沒有免費的午餐，付出和收穫是相輔相成的。第三是資金的平衡。以等值和超值為上選，不要用眼前的真金白銀去交換遠景和願景。最後是心理的平衡。只有心理平衡，合作才能舒暢，最後才會長久，才是雙贏。

附：特許加盟企業的甄別

第一步：初始調查

在決定了你感興趣的特許經營的業務類型之後，選擇 10～20 個特許企業進行調查。在初始調查中，你需要收集盡可能多的關於這些企業的資訊。以下的資訊來源可以讓你對你的候選企業有一個較好的概括性了解。

無論透過什麼管道獲得的資訊，在你購買特許權的初始調查中，你了解每一個特許企業最重要的工具之一是特許者的資訊披露檔和廣告資料。這些檔和材料由特許者準備，應該列出關於特許者和特許業務比較詳細的各類資訊。連鎖經營協會要求特許經營備案企業，向潛在的加盟者儘量詳細地提供這方面的資料。實際上，越來越多的加盟者利用該資料說明他們做出選擇。不過，需要提醒投資者，儘管連鎖經營協會做了大量的調查，以提高資料的準確性，但是，披露報告並不是絕對精確。實際調查還是非常有價值和必要的。

在瀏覽這些資料時，你應該不斷問自己一些問題：你有經營它的專業知識嗎？會不會有訴訟發生？盈利計畫合理嗎？你徹底理解特許加盟費和特許

權使用費了嗎？你的經濟能力達到應付業務需求的水準了嗎？你是否被要求從一個指定的來源購買原材料、商品和服務？

你需要了解的資訊包括但不限於：公司的名稱、位址和聯繫電話，法人代表姓名，註冊資金和企業性質，業務類型，公司成立時間和開展特許經營時間，總部工作人員數量，直營店數和加盟店數，加盟店發展模式，特許加盟費、保證金和特許權使用費，開店基本投資額，合約期限，是否已經在商務部備案。

這些資訊來源應該可以說明你將特許經營企業的選擇範圍縮小到一個較小的範圍，從而減少你不必要的投入，節省你的時間和金錢。

現在，你要做的就是對剩下的候選企業做詳細的調查。

第二步：訪問同一特許經營體系的其他加盟者

全面調查的方面之一是訪問或打電話給現有的特許企業的加盟者，並問幾個關鍵問題：

你是什麼時候加盟這個特許企業的？

你為什麼要選擇這個特許企業？

你有什麼樣的背景或從商的經歷？

你期望從這一特許經營體系中得到什麼？這裡的特許者幫助你實現期望了嗎？

你遇到過什麼樣的問題？

你的區域有多大？是排他性的嗎？

你在經營中最不滿意的是什麼？你與特許人之間的合作或關係怎樣？

你感覺加盟費和特許權使用費合理嗎？

你的個人工作計畫是什麼？它會有變化嗎？你什麼時候最忙？

你能給我的大致建議是什麼？

如果重新選擇，你還會購買這個品牌的特許權嗎？為什麼？

將受訪的加盟者對你說的話，和特許總部的披露文件和公司手冊中提供的資訊進行對照和分析。

訪問那些經營失敗的加盟者，向他們問同樣的問題。然後比較兩組答案。如果成功的加盟者是因為擁有那些失敗的加盟者所缺乏的背景和經歷，那麼你就應該在這些方面對自己的優勢和劣勢進行切實的分析。

第三步：訪問特許經營企業的總部

如果到此為止你仍對特許經營的這種方式和某品牌體系感到滿意，那麼你就應該著手訪問該公司總部，以便獲取關於這一特許經營專案的進一步的細節。

下面，我們為創業者列出了 25 個關鍵問題，這是許可人應該在你訪問時予以回答的。

應向特許經營企業提出的問題：

1.透過經營該項目我能夠賺到多少錢？

一個好的特許者會對這個問題的回答非常謹慎，而真正好的特許者甚至會讓你失望（給你一個極其保守的猜想）。如果你被告知一年能賺 20 萬元，而事實上你賺到了 50 萬元，這顯然比告訴你一年能賺 50 萬元，而事實上只有 20 萬元要好得多。有些特許者可能會給你一系列其他加盟者在其第一年的經歷，還會告訴你其他與銷售有關的一些數字，這一般用百分比來表示。例如，如果你被告知你的毛利潤是營業額的 15%，那麼當你賣到了 100 萬元時，你的利潤是 15 萬；假如你賣到了 200 萬元，你的利潤就會是 30 萬元，等等。

2.從什麼時候開始我可以從中賺錢？

這是一個至關重要的問題，因為你需要在資金計畫中考慮這個因素。如

果你在一個還未開發的地區開一家全國聞名的早餐店，那麼你就有可能在較短的時間內賺到錢；如果你開闢的是一種提供新概念和新產品的服務業和零售業，那麼有可能在較長時間之後你才能吸引足夠多的客戶或者說是顧客來獲得利潤。

3．我個人必須投入的全部資金是多少？都包括什麼？流動資金是多少？

4．你會給我融資嗎？如果不能，你能給我提供貸款擔保嗎？

請注意：大多數特許者兩者都不會提供，但是你仍然要問這個問題，也許你遇到的是一個特例。

5．有多少是公司的直營店？現在有多少個特許加盟店？其中有多少失敗了？他們失敗的原因是什麼？

6．如果我盡了努力仍沒有成功怎麼辦？如果原因在你們公司方面？比如說提供了銷路不好的產品或選錯了地點等，你們給予什麼補償和協助？

7．有沒有你們公司將特許權回購的可能？是不是我們雙方都可以提起這一動議？

8．我什麼時候向你支付各項費用？

這很重要，因為有些特許者是允許延遲支付加盟費的，並且，你也會想知道特許權使用費的支付頻率是什麼樣的。

9．從簽訂合約到我的加盟店開張這個過程要多長時間？

10．這一產業是季節性的嗎？影響業務水準的因素是什麼？

早餐店的生意會在衰退時期興隆起來。有些零售業在聖誕節的時候生意最紅火，而那些與旅遊業有關的產品和服務，會在特定的季節狠狠地賺上一筆。

11．你們訓練協助的本質是什麼？它會持續多久？我能學到什麼？我可

以看看你們的訓練教材嗎？

12．我需要從你這裡買什麼？我要購買的東西有沒有最低限量呢？你對賣給我的東西如何標價？

13．我能得到什麼樣的顧問協助？

較大的、經營根基穩固的特許者有內部顧問。如果是這樣，我必須為他們的服務付費嗎？

14．你所做的廣告和促銷是怎樣的？我是不是要做一定量的當地廣告？是否要根據我的銷售額向你支付廣告費？

15．我的聯絡人是誰？如果那個人離開了，我怎麼辦？

16．你公司在未來 5 年中的計畫是什麼？

17．是什麼使你認為這一業務在我的地區會成功？

18．我每天需要為此付出的工作時間是多少？我必須全職做這份工作嗎？

19．我的商圈的確切劃分是怎樣的？

20．設備歸我所有嗎？

21．你們會為我找到合適的店鋪嗎？房屋的產權或使用權屬誰所有？

22．你的特許體系中有內部通訊刊物或網站嗎？

23．你對現有的加盟者開設的訓練課程是什麼？是否需要支付訓練費用？如何支付？

24．我擁有的排他性權利是什麼？我能自主把業務轉讓給別人嗎？

25．我現在能看看合約嗎？合約有效期是多長？它可以續定嗎？我怎樣終止合約？你怎樣終止？如果我發生了意外不能繼續經營會怎樣？

第四步：經營分析

如果從某個特許經營業務中無法賺到錢，你就沒有必要向它投資。在預

測一種事業的盈利能力時，你需要估算銷售額、成本、淨利潤、所需總投資、投資回報、淨現值、回收期和收支平衡點等。所有這些參考數字都能說明你保持特許經營財務狀況的良好。

第五步：專業人士的協助

在你自己檢查過經營狀況之後，最好再請一位資深顧問（律師、會計師、銀行專業人士或其他的商業專家）幫著審查一遍。因為有著專業人士支援，你對特許經營企業的投資，不論在金錢還是在時間上的投入，都將會節省，而且更有效。

第六步：特許經營合約和註冊商標許可協議

仔細閱讀你將要簽訂的實際合約的內容，不要急於在這份合約上籤字。聘請一名律師來審查一下合約。為了確保合約和協議已經包括了所有的必要條款，與你的律師一起，仔細核對下列要點：

1 · 價格和費用。
   * 你要負擔的總費用是多少？
   * 啟動的費用是多少？
   * 後續經營費用是多少？
   * 是否有隱蔽的額外收費和昂貴而不合理的搭售？
   * 你購買原材料或商品的權利是否受到限制？
2 · 地理位置。
   * 你的店舖位置在哪裡？
   * 商圈區域有多大？
   * 你在什麼方面受到保護以及在什麼方面受到限制？
   * 誰會跟你競爭？
   * 特許者是否也有可能成為一個直接的競爭者？

3·控制和支援

　　* 對你施加的控制有哪些？

　　* 你所受到的管理政策和措施是什麼？

　　* 你會得到的協助是什麼？

　　* 你將受到的訓練和經營監督是怎樣的？

4·廣告和協助

　　* 你能得到哪些全國性的和地方性的廣告協助？

　　* 什麼樣的廣告需要你付費？

　　* 你能得到什麼樣的行銷幫助？

5·利潤和損失

　　* 如果成功了，你所賺得的錢能得到什麼樣的保護？

　　* 如果失敗或協議終止，你仍應承擔的付款義務有哪些？

6·意外情況的權利讓渡

　　* 你的特許權利能在你出現意外不能繼續經營時，轉移給你的繼
　　　承人嗎？

　　* 你能否出售、讓渡或抵押特許權利？

7·持續期間和終止

　　* 誰、在什麼樣的情況下有權取消合約？

　　* 你的權利能持續多久？合約能續訂嗎？

在特許經營體系中，避免未來衝突的最重要的決定文件是合約。合約不應該是單方面有利於特許者的。美國的商業促進局（The Better Business Bureau）為了指導特許經營合約的發展，制定了如下幾個原則，可供投資者參考：

　　* 合約應當是坦誠的、完全能體現特許者和加盟者之間關係的。合約的
　　　目的是，使雙方的全部權利和義務清晰的表示出來，以確保任何一方
　　　都不會提出關於另一方有欺詐的主張。

　　* 條款應該公平。

　　* 合約應該適合特定的情況。

　　* 應該指明新的加盟者在給定市場中進行擴大經營的標準。

　　* 應該規定導致任何一方終止合約的合理原因。

　　* 應該預先制定解決一切潛在衝突的方法。如果需要仲裁，應該就讓誰
　　　仲裁和仲裁費由誰負擔達成協議。

第七步：最終決定

　　假定目前你有三個感到滿意的特許經營項目以供選擇，你已經得到了使你仍對他們感興趣的足夠資訊；你已經對每一特許經營專案的大量加盟者進行了訪問或給他們打了電話；你已經去過了這些公司總部；你已經做了充分的經營分析；你已經仔細審查了合約和協議。現在該是做決定的時候了。

　　在進一步分析這些可供選擇的加盟機會之前，必須保證它們還能符合以下的一般標準：

　　　* 這一企業的基本理念和企業文化吸引你；

　　　* 你有經營這類企業的經驗，或者相信特許者會對你進行課程訓練；

　　　* 特許者有被證明了的令人滿意的記錄；

　　　* 你喜歡特許者的員工；

　　　* 你的經濟能力允許你經營該項特許業務；

　　　* 這類經營能夠給你和你的家庭帶來足夠的收入；

　　　* 經營這類企業看起來是令人愉快的；

　　　* 你做了全面的經營分析。

　　針對這些方面，一定要經過深思熟慮，以保證自己沒有被誤導。現在，想像一下你是這三家企業中任何一家的加盟主，其中是否有一個使你感覺最好的呢？需要提醒的是，不要將你的選擇僅僅建立在利潤最大化上，這是不明智的，因為為了成功，你將不得不花費很多的精力和時間。如果你不喜歡

特許經營這一概念，或不喜歡與特許者合作，那麼從事特許經營這一事業將是你的一次痛苦經歷。

如果你能夠做到按以上列出的步驟認真進行選擇，那麼可以確信，你成為一個成功的特許經營事業所有者的機會就會大大增加，你將為此感到自豪。

「真」合約才是護身符

很多創業者都有這樣的認識，只要和對方簽訂了合約，就有了保障，其他的就都不用擔心了。其實，這種認識並不正確。那麼，創業者在簽訂合約方面，應該注意哪些細節呢？

首先，在合約內容方面一定要遵守相關法律法規。只有內容合法的合約，才能在雙方發生糾紛時造成保護當事人利益的作用。否則合約內容不規範或不合法，合約條款不嚴謹，一旦發生糾紛，麻煩會更大。

其次，在簽訂合約之前，創業者要弄清對方有無簽合約的合法授權。如果對方連簽合約的權利都沒有，那麼簽出來的合約也是一張廢紙。

再次，要學習一些法律常識。雖然合約有固定格式，但沒有固定文本可模仿，不管什麼合約都是自由締約的，締約的內容主要由締約雙方協商決定。所以，簽合約前如果一點法律常識都沒有，給別人鑽漏洞的可能性就較大。

具體來說，合約的內容由簽合約的雙方約定，一般包括以下條款。

一、當事人的名稱或者姓名身分證字號和住所

當事人的名稱或者姓名及住所是每一個合約必須具備的條款。當事人是合約的主體，合約中如果不寫明當事人，誰與誰做交易都搞不清楚，就無

法確定權利的享受和義務的承擔，發生糾紛也難以解決，特別是在合約涉及多方當事人的時候更是如此。合約中不僅要把應當規定的當事人都規定到合約中去，而且要把各方當事人名稱或者姓名身分證字號及住所都書寫準確、清楚。

二、標的

標的是合約當事人的權利義務指向的對象。標的是合約成立的必要條件，是一切合約的必備條款。沒有標的，合約就不能成立，合約關係也無法建立。

合約的種類很多，合約的標的也多種多樣。

1. 有形財產。有形財產指具有價值和使用價值並且法律允許流通的有形物。如依不同的分類有生產資料與生活資料、種類物與特定物、可分物與不可分物、貨幣與有價證券等。

2. 無形財產。無形財產指具有價值和使用價值並且法律允許流通的不以實物形態存在的智力成果。如商標、專利、著作權、技術祕密等。

3. 勞務。勞務指不以有形財產體現其成果的勞動與服務。如運輸合約中承運人的運輸行為，保管與倉儲合約中的保管行為，接受委託進行代理、居間、產業行為等。

4. 工作成果。工作成果指在合約履行過程中產生的、體現履約行為的有形物或者無形物。如承攬合約中由承攬方完成的工作成果，建設工程合約中承包人完成的建設項目，技術開發合約中的受託人完成的開發成果等。

合約對標的的規定應當清楚明白、準確無誤，對於名稱、型號、規格、品種、等級、花色等都要約定得細緻、準確、清楚，防止差錯。特別是對於

不易確定的無形財產、勞務、工作成果等更要盡可能地描述準確、明白。訂立合約中還應當注意各種語言、方言以及習慣稱謂的差異，避免不必要的麻煩和糾紛。

三、數量

在大多數的合約中，數量是必備條款。沒有數量，合約也是不能成立的。許多合約，只要有了標的和數量，即使對其他內容沒有規定，也不妨礙合約的成立與生效。因此，數量是合約的重要條款。對於有形財產，數量是對單位個數、體積、面積、長度、容積、重量等的計量；對於無形財產，數量是個數、件數、字數以及使用範圍等多種量度方法；對於勞務，數量為勞動量；對於工作成果，數量是工作量及成果數量。一般而言，合約的數量要準確，選擇使用共同接受的計量單位、計量方法和計量工具。根據不同情況，要求不同的精確度，允許的尾差、磅差、超欠幅度、自然耗損率等。

四、品質

對於有形財產來說，品質是物理、化學、機械、生物等性質；對於無形財產、服務、工作成果來說，也有品質高低的問題，並有衡量的特定方法。對於有形財產而言，品質亦包括外觀形態等方面的約定。品質標準、技術要求，包括性能、效用、工藝等，一般以品種、型號、規格、等級等體現出來。品質條款的重要性是毋庸贅言的，許多的合約糾紛由此引起。合約中應當對品質問題盡可能地規定細緻、準確和清楚。國家有強制性標準規定的，必須按照規定的標準執行。如有其他品質標準的，應盡可能約定其適用的標準。當事人可以約定品質檢驗的方法、品質責任的期限和條件、對品質提出異議的條件與期限等。

五、價款或者報酬

價款或者報酬，是一方當事人向對方當事人所付代價的貨幣支付。價款一般指對提供財產的當事人支付的貨幣，如在買賣合約中的貨款、租賃合約中的租金、借款合約中借款人向貸款人支付的本金和利息等。報酬一般是指對提供勞務或者工作成果的當事人支付的貨幣，如運輸合約中的運費、保管合約與倉儲合約中的保管費以及建設工程合約中的勘察費、設計費和工程款等。如果有政府定價和政府合約價的，要按照相關規定執行。價格應當在合約中規定清楚或者明確規定計算價款或者報酬的方法。有些合約比較複雜，貨款、運費、保險費、保管費、裝卸費、報關費以及一切其他可能支出的費用，應該由誰支付要規定清楚。

六、履行期限、地點和方式

履行期限是指合約中規定的當事人履行自己的義務如交付標的物、價款或者報酬，履行勞務、完成工作的時間界限。履行期限直接關係到合約義務完成的時間，涉及當事人的期限利益，也是確定合約是否按時履行或者遲延履行的客觀依據。履行期限可以是即時履行的，也可以是定時履行的；可以是在一定期限內履行的，也可以是分期履行的。不同的合約，對履行期限的要求是不同的。期限可以以小時計，可以以天計，可以以月計，可以以生產週期、季節計，也可以以年計。期限可以是非常精確的，也可以是不十分確定的。不同的合約，其履行期限的具體含義是不同的。買賣合約中賣方的履行期限是指交貨的日期，買方的履行期限是交款日期；運輸合約中承運人的履行期限是指從起運到目的地卸載的時間；工程建設合約中承包方的履行期限是從開工到竣工的時間。正因如此，期限條款還是應當儘量明確、具體，或者明確規定計算期限的方法。

　　履行地點是指當事人履行合約義務和對方當事人接受履行的地點。不同的合約，履行地點有不同的特點。如買賣合約中，買方提貨的，在提貨地履行；賣方送貨的，在買方收貨地履行。在工程建設合約中，在建設專案所在地履行。在運輸合約中，從起運地運輸到目的地為履行地點。履行地點有時是確定運費由誰負擔、風險由誰承擔以及所有權是否轉移、何時轉移的依據。履行地點也是在發生糾紛後確定由哪一地法院管轄的依據。因此，履行地點在合約中應當規定得明確、具體。

　　履行方式是指當事人履行合約義務的具體做法。不同的合約，決定了履行方式的差異。買賣合約是交付標的物，而承攬合約是交付工作成果。履行可以是一次性的，也可以是在一定時期內的，也可以是分期、分批的。運輸合約按照運輸方式的不同可以分為公路、鐵路、海上、航空等方式。履行方式還包括價款或者報酬的支付方式、結算方式等，如現金結算、轉帳結算、當地轉帳結算、異地轉帳結算、托收承付、支票結算、委託付款、限額支票、信用狀、匯兌結算、委託收款等。履行方式與當事人的利益密切相關，應當從方便、快捷和防止欺詐等方面考慮採取最為適當的履行方式，並且在合約中應當明確規定。

七、違約責任及解決爭議方法

　　違約責任，是指合約的一方未按合約約定履行自己義務，如標的品質、數量不符合約定、交付時間延遲或拒絕交付、交付地點錯誤、未及時付款、擅自改變付款方式等，從而給對方造成直接的或間接的經濟損失和其他損失。受到損害的一方有權按照合約約定，要求對方提供經濟賠償或其他補償。

　　解決爭議方法，指合約爭議的解決途徑，對合約條款發生爭議時的解釋以及法律適用等。解決爭議的途徑主要有：一是雙方透過協商和解；二是由

第三人進行調解；三是透過仲裁解決；四是透過訴訟解決。當事人可以約定解決爭議的方法，如果意圖透過訴訟解決爭議是不用進行約定的，透過其他途徑解決都要事先或者事後約定。依照仲裁法的規定，如果選擇適用仲裁解決爭議，除非當事人的約定無效，即排除法院對其爭議的管轄。但是，如果仲裁裁決有問題，可以依法申請法院撤銷仲裁裁決或者申請法院不予執行。當事人選擇和解、調解方式解決爭議，都不能排除法院的管轄，當事人可以提起訴訟。

成功者的可複製性其實並不高

如今，競爭手段和管理方法越來越同質化，造成很多企業因缺乏個性和特色而停滯不前，甚至走向末路。而能夠在市場上生存或者獨樹一幟的，往往是企業經營的個性和特色，有些東西只能複製其表面，而其內在的精髓是不能複製的。

「成功不能簡單地複製。」日本著名的書法家小田村夫在目睹了一位天才書法家的隕落之後發出由衷感嘆。

30 年多前，一位 9 歲日本少年參加了在東京舉辦的一次青少年書法展，他的 4 幅書法作品，被當時的私人收藏者以價值 1,400 萬日元搶購一空。一時間日本書法界為之震動，稱這位少年為書法界的奇才。當時日本著名書法家小田村夫曾這樣預言：在日本未來的書法圈內，必將會升起一顆璀璨的新星。

然而，30 年多過去了，一些籍籍無名的人脫穎而出，而這位天才少年卻銷聲匿跡了，是誰斷送了這位天才少年的前程？小田村夫曾專門拜訪了這位小時候曾名振日本書壇的天才少年，當他看了這位天才書法家近日的書法作品時，不禁仰天長嘆道：「成功不能靠複製，右軍啊，你害了多少神童！」

　　右軍是誰？他是中國 1600 多年前的大書法家王羲之，而王羲之為什麼會害了這位少年天才呢？原來這位元少年天才模仿王羲之的作品成癮，在 20 多年的模仿過程中，又從沒有加入自己的特色，儘管他寫出來的書法作品和王羲之比起來，簡直能達到以假亂真的地步，但在鑒賞家的眼裡，他所有的書法作品，已經不再是藝術，而變成了讓人厭惡的仿製品。

　　一位原本是天才的人卻因為模仿另一位天才，最終卻成了庸才。這種事不僅是書法界特有的現象，而是存在於各個產業和各個領域中，大到投資開工廠，小到理財和創富思維。比如目前很多企業都喜歡模仿「全球 500 強企業」的經營模式，但到目前為止，沒有一個因為靠複製或模仿而成功的企業先例，很多速食企業，都想複製和模仿「肯德基」和「麥當勞」，但最終都成了「東施效顰」；基金業曾相互模仿和複製對方的投資模式和投資理念，而陷入了至今無法自拔的「囚徒困境」，這些都說明了成功不能複製的道理。

　　千萬別輕易相信唐駿所說的「我的成功可以複製」。成功模式是不可能複製的，這是經驗之談，也是英雄之識。舉世公認的投資大師巴菲特的投資模式，可以說是全世界投資界的楷模，世界上想複製他成功模式的人比比皆是，但世界上仍然只有一個沃倫·巴菲特。

　　成功模式雖然不可複製，但成功的經驗卻可以借鑑。在此基礎上，能夠創造性地複製別人成功的經驗，是企業和個人成功的一條捷徑。學習別人的成功之處、借鑑別人的成功經驗，再結合自身的特點加以創造性地運用，實在是站在巨人肩膀上的明智之舉。

附錄：創業者的 30 條戒律

第 1 誡：合作江湖義氣，散夥恩怨情仇

這是不理性的合作創業典型模式。創辦之初，沒有好的約束機制，大家熱血沸騰，靠感情和義氣處理彼此關係，責權利都不好意思「分得那麼清楚」，一旦有了起色，開始各懷心事，斤斤計較；到最後，不是撕破臉的一拍兩散，就是無休止的劍拔弩張。

第 2 誡：寧可破財，不可丟人

這是典型的死要面子活受罪，創業者最忌諱的一條。貌似對做出的決定一言九鼎，有了錯誤也不願意改正，結果是，硬起頭皮，打掉牙只能往肚子裡咽。

第 3 誡：員工管理想當然爾

一方面總以為員工會站在自己的立場想問題；另一方面又抱怨員工理解不了自己的思路。卻不知道，一切都只是自己的一廂情願和錯誤判斷。

第 4 誡：把一碗水端平當大鍋飯

企業總是由各個系統各個部門組成，它們彼此之間需要有一種動態的平衡。一旦老闆過分看重平衡，在獎罰政策，人員提升，部門許可權，業績考核等方面一味強調一碗水端平，最後優者不獎錯者不罰，所有部門都吃大鍋飯，企業所要的效率反而蕩然無存。

第5誡：把自己活成時尚

總是努力培養自己「成功企業家」的形象，登山、高爾夫、上商學院、收藏藝術品……追著財經名人的愛好走，模仿、炫耀。

第6誡：存小術，廢大道

一個企業要獲得持續成長，企業家必須具備兩種能力：一是應付各種複雜局面的能力和技巧，是為小術；二是立足社會，凝聚力人才的信仰及人格魅力是為大道。修煉小術而廢棄大道，企業終究只是獲小利而失根基。

第7誡：強烈的政治情節

提到政治就興奮，靠近政治就愉悅，企業裡面玩政治，人生目標搞政治，經商只是為當官做準備，這些都是傳統價值觀「當官才能光宗耀祖」的新時代折射。然而經驗證明，政治是把雙面刃，一個優秀的企業家可以懂政治、學政治，但不可玩政治。

第8誡：自我膨脹

這類商人的邏輯是：財富比別人多，所以才能比別人強，見識就比別人廣。以此邏輯推演，一個人的自信心會在很短的時間裡爆棚，一個人的命運也常在同一時間轉軌。

第9誡：法制觀念淡薄

原因如下：一，有錢難道不能搞定一切？二，這事天知地知你知我知，怎會翻船？三，別人都這麼幹，我為什麼不能？天啦，這點小事也算違法？

第10誡：武大郎開店

不能容忍部下在某一方面比自己強，為了保持心理上的優越感和便於管

理，喜歡應徵和使用不如自己的人。這類企業往往缺乏活力，在競爭中越來越難以勝出。

第 11 誡：提著褲子找廁所

做企業沒有預見性，事到臨頭才忙找對策。具體表現在：不儲備人才，不建立良好的公共關係，不開發換代產品，不準備足夠的現金流等。

第 12 誡：重業務輕財務

許多企業老闆大都是跑業務出身，或至少是很長時間奮鬥在市場銷售第一線。這決定了他們的潛意識：市場是決定企業生存和發展根本動力，當領導，市場知識比財務知識更重要；搞管理，銷售報表比財務報表更誘人；做決策，來自市場的調查資料比來自財務的預算決算更關鍵。

第 13 誡：集團綜合症

據說現在全世界號稱「集團」的公司加在一起，都沒有台灣多 —— 幾百萬上千萬淨資產的企業老闆號稱某某集團董事長的，在我們身邊比比皆是。這是虛張聲勢、不顧信用、好大喜功的企業化寫照。

第 14 誡：大企業形態小企業心態

規模已經夠大，心態依然很小：沒有策略，缺乏人才，對員工能省則省，研究費用能拖就拖。本來已有大資本，偏偏又是土財主。因為來不及知道怎麼做大企業，於是往往在堂皇外表下面露出留著泥巴的腳。一旦有風吹草動，那顆小小的心臟就會被龐大的身軀累死。

第 15 誡：形式主義，借屍還魂

二十年前打破鐵飯碗，衝破形式主義而成長起來的企業家，隨著企業規模擴大年歲增長，論資排輩日趨固化，等級制度日趨習慣，企業理念日趨模

糊，企業文化日趨空洞，「百年鍾馗變鐘鬼」，形式主義又回來了。

第 16 誡：老闆可以例外

制定了一大堆政策、制度，要求員工絕對執行，到了自己面前卻一推再推；大會小會嚴厲禁止種種不軌行徑，一轉身自己就成了最大的破壞者。

第 17 誡：合作夥伴同質化

合夥企業的常見病。一群相同氣質愛好、能力水準、資源範圍的理想主義者共同創業，上路之後才發現，一艘大船的遠航既需要舵手，也需要水手；既需要懂天氣的，也需要懂水文的……於是結構性失敗在所難免。

第 18 誡：雜事繁忙而效率低下

一個合理的建議是，立即停下你陀螺一樣旋轉的身體，去海邊的沙灘曬著太陽釐清以下問題：你的管理鏈條在哪一個環節開始打滑？你的企業動力是哪一個環節推而不動？哪些事情是必須做的，哪些不是？哪些事情是你應該做的，哪些是你應該授權別人做的？

第 19 誡：專家依賴症

很多企業家對專家很迷信，事事以專家為準。但專家不是萬能的，他不可能對所有的事情瞭若指掌，難免有侷限，特別是在市場經驗方面。所以，一旦過於迷信專家，往往會陷入教條化陷阱。

第 20 誡：用膽而不用心

企業家從來不缺冒險精神，企業從來不缺專案，而是缺把一個專案做到全世界無人能敵的專業精神、境界和才能。

第 21 誡：形象即業務，豪華出效益

一種膚淺的創業心態，加浪漫主義的創業形態。主要表現為：辦公場地選高檔辦公室，員工薪資向大公司看齊，出差住四星級以上飯館，請客上希爾頓酒店。最終的結果是，別人還沒搞懂你的企業是幹什麼的，你的流動資金已經開始告急。

第 22 誡：摸著石頭過大海

企業早年習慣「摸著石頭過小河」，而今天他們要過的是大海，左有大型企業，右有外資公司，它們共同需要的都是現代化的遠洋輪船。但也有經驗主義者，想要「摸著石頭過大海」，其悲慘結局不問可知。

第 23 誡：管而不理

管是控制，理是訓練；管是壓力，理是疏導；管是條條框框、中規中矩，理是苦口婆心、指引成長。只管不理，企業不是在沉默中爆發，就是在沉默中滅亡。

第 24 誡：假平等

能幹的下屬是每個老闆都夢寐以求的，但真的出現了能力出眾的下屬，老闆往往又不能正確對待。為了維護表面上的平等，老闆常常有意識地將機會讓給其他員工，而把能幹的人晾在一邊。假平等的後果是，既增加了老闆的機會成本，又挫傷了那些能力出眾者的積極性。

第 25 誡：總是打精神牙祭

在一些人看來這是華而不實籠絡人心的手段，是企業老闆不可缺少的畫餅的才能。但現在的員工們已經越來越不相信它了，尤其當明天已經到來，「精神」並沒有變「物質」，而老闆又在許諾後天的精神牙祭之時。

第 26 誡：優柔寡斷

遇事不果斷，前怕狼後怕虎，老在潛意識裡想「這樣做會不會有風險」，結果把本來是自己的機會白白放過了。對待下屬有爭議的事情，也是左右搖擺，不知道該聽誰的，結果被員工認為是和藹可欺，威信蕩然無存。

第 27 誡：迷戀直覺

崇尚「跟著感覺走」，藐視基於市場調查的資料分析，認為決策沒有什麼理性可言，最可靠的反而是長期做市場過程中培養起的直覺。對於抗風險能力還不強的企業，一旦決策出現失誤，就會帶來滅頂之災。

第 28 誡：好了傷疤忘了痛

企業遭遇困難的時候，三省其身，痛定思痛，誓言必革除種種弊端；一旦危機過去，又恢復了老樣子，想當然地以為天下哪有這麼巧的事隋，同樣的劫數肯定不會再發生了。

第 29 誡：同行之間妖魔化

在同行之間挑撥離間以為可以漁翁得利，卻被揭穿謊言，落得裡外不是人；或為競爭需要，搬弄同行是非，惹來同行魚死網破的反擊，致使全產業受損。

第 30 誡：人格分裂症

極端的高尚和極端的卑劣並存，極端的向善和極端的無恥共生；願意承擔責任卻又不斷逃避責任，熱愛有真理的世界卻又時時製造虛假；對抗自私，卻每天都在鏡子裡看到它。

創業起手式

每一個今天離職的人，明天都可以成為公司的老闆

作　　者：張振華

發 行 人：黃振庭

出 版 者：崧燁文化事業有限公司

發 行 者：崧燁文化事業有限公司

E-mail：sonbookservice@gmail.com

粉 絲 頁：https://www.facebook.com/
　　　　　sonbookss/

網　　址：https://sonbook.net/

地　　址：台北市中正區重慶南路一段六十一號八
　　　　　樓 815 室

Rm. 815, 8F., No.61, Sec. 1, Chongqing S. Rd.,
Zhongzheng Dist., Taipei City 100, Taiwan (R.O.C)

電　　話：(02)2370-3310

傳　　真：(02) 2388-1990

印　　刷：京峯彩色印刷有限公司（京峰數位）

定　　價：360 元

發行日期：2021 年 11 月第一版

◎本書以 POD 印製

國家圖書館出版品預行編目資料

創業起手式：每一個今天離職的人，
明天都可以成為公司的老闆 / 張振
華著 . -- 第一版 . -- 臺北市：崧燁
文化事業有限公司 , 2021.11
　　面；　公分
POD 版
ISBN 978-986-516-910-7(平裝)
1. 創業 2. 職場成功法
494.1　　110018255

電子書購買

臉書